农作物优异种质资源与典型事例

—— 湖北、湖南、广西、重庆卷

● 高爱农 胡小荣 魏利青 方 沩 主编 ●

中国农业科学技术出版社

图书在版编目（CIP）数据

农作物优异种质资源与典型事例.湖北、湖南、广西、重庆卷 / 高爱农等主编. --北京：中国农业科学技术出版社，2021.9

ISBN 978-7-5116-5114-3

Ⅰ.①农… Ⅱ.①高… Ⅲ.①作物—种质资源—资源调查—湖北 ②作物—种质资源—资源调查—湖南 ③作物—种质资源—资源调查—广西 ④作物—种质资源—资源调查—重庆 Ⅳ.①S329.2

中国版本图书馆 CIP 数据核字（2021）第 016256 号

责任编辑　崔改泵
责任校对　贾海霞
责任印制　姜义伟　王思文

出 版 者　中国农业科学技术出版社
　　　　　北京市中关村南大街12号　　邮编：100081
电　　话　（010）82109194（出版中心）　（010）82109702（发行部）
　　　　　（010）82109709（读者服务部）
传　　真　（010）82106650
网　　址　http:// www.castp.cn
经 销 者　各地新华书店
印 刷 者　北京地大彩印有限公司
开　　本　185 mm×260 mm　1/16
印　　张　16.5
字　　数　402千字
版　　次　2021年9月第1版　2021年9月第1次印刷
定　　价　160.00元

《农作物优异种质资源与典型事例
——湖北、湖南、广西、重庆卷》

—————— 编委会 ——————

主　编　高爱农　胡小荣　魏利青　方　沩

副主编　张　慧　赵伟娜　皮邦艳

主要编写人员

湖北省

马　磊	王荣娟	王恭平	尹延旭	孔祥琼	田　瑞	匡　晶
朱红莲	朱绪义	伍业霞	刘正位	汤　清	孙亚林	杜文博
李　莉	李华标	李明华	李炎木	李显成	吴金平	邱东峰
何秀娟	宋　放	宋相翠	张士龙	张再君	张　斌	陈宏伟
陈爱军	陈新宝	罗明文	柯卫东	徐长城	徐育海	高　泉
郭凤领	唐道廷	黄从福	黄益勤	黄新芳	崔　磊	康　钧
彭　静	董新国	雷绍新	雷　剑	谭春柳		

湖南省

王同华	邓　晶	刘　振	刘新红	汤　睿	李　倩	李小湘
李基光	李赛君	杨水芝	杨学乐	杨建国	汪端华	周卫安
周长富	周书栋	周佳民	宗锦涛	段永红	贺爱国	徐　海
黄飞毅	彭建平	廖　炜	熊纯生			

广西壮族自治区

王　茜	韦　弟	韦荣福	韦彩会	邓铁军	甘桂云	刘文君
刘福平	江禹奉	李冬波	李忠义	李经成	吴翠荣	何东模
何芳练	张　力	张尧良	张师团	张保青	陈文杰	陈东奎
陈怀珠	陈建相	陈振东	陈燕华	罗高玲	周　婧	周生茂
周海宇	周锦国	段维兴	徐志建	黄　羽	黄　皓	黄善华
曹　升	梁云涛	董伟清	董伯年	覃兰秋	覃初贤	覃德注

程伟东　曾艳华　曾维英　谢小东　谢和霞　廖惠红　樊吴静

重庆市

冉启凡　伊洪伟　刘吉振　杜成章　李　波　杨　明　杨海健
吴　霜　张云贵　张现伟　张谊模　张继君　范　彦　周心智
侯渝嘉　董　昕　程玥晴　刘剑飞　张晓春

中国农业科学院作物科学研究所

姜淑荣　刘继华

编　审　高爱农

近年来，随着生物技术的快速发展，各国围绕重要基因发掘、创新和知识产权保护的竞争越来越激烈。农作物种质资源已成为保障国家粮食安全和农业供给侧改革的关键性战略资源。然而随着气候、自然环境、种植业结构和土地经营方式等的变化，导致大量地方品种迅速消失，作物野生近缘植物资源也因其赖以生存繁衍的栖息地遭受破坏而急剧减少。因此，尽快开展农作物种质资源的全面普查和抢救性收集，妥善保护携带重要特性基因的种质资源迫在眉睫。通过开展农作物种质资源普查与收集，不仅能够防止具有重要潜在利用价值种质资源的灭绝，而且通过妥善保存，能够为未来国家现代种业的发展提供源源不断的基因资源。

为贯彻落实《全国农作物种质资源保护与利用中长期发展规划（2015—2030）》（农种发〔2015〕2号），在财政部支持下，农业农村部于2015年启动了"第三次全国农作物种质资源普查与收集行动"（以下简称"行动"），发布了《第三次全国农作物种质资源普查与收集行动实施方案》（农办种〔2015〕26号）。"行动"的总体目标是对全国2 228个农业县进行农作物种质资源全面普查，对其中665个县的农作物种质资源进行系统调查与抢救性收集，共收集各类作物种质资源10万份，繁殖保存7万份，建立农作物种质资源普查与收集数据库。为我国的物种资源保护增加新的内容，注入新的活力。为现代种业和特色农产品优势区建设提供信息和材料支撑。

为了介绍"行动"中发现的优异资源和涌现的先进人物与典型事迹，促进交流与学习，提高公众的资源保护意识，根据有关部署，现计划对"行动"自2015年启动以来的典型事例进行汇编并陆续出版。汇编内容主要包括优异资源、资源利用、人物事迹和经验总结等4个部分。

优异资源篇，主要介绍新近收集的优异、珍稀濒危资源或具有重大利用前景的资源，重点突出新颖性和可利用性。资源利用篇，主要介绍当地名特优资源在生产、生活中的利用现状、产业情况以及在当地脱贫致富和经济发展中的作用。人物事迹篇，主要介绍资源保护工作中的典型人物事迹、种质资源的守护者或传承人以及种质资源的开发利用者等。经验总结篇，介绍各单位在普查、收集以及资源的保护和开发利用过程中形成的组织、管理等方面的好做法和好经验。

该汇编既是对"第三次全国农作物种质资源普查与收集行动"中一线工作人员风采的直接展示，也为种质资源保护工作提供一个宣传交流的平台，并从一个侧面为这项工作进行了总结，为国家的农作物种质资源保护和利用工作尽一份微薄之力。

编委会

2020年12月

PREFACE 前　言

　　由农业农村部组织开展，中国农业科学院作物科学研究所牵头实施的"第三次全国农作物种质资源普查与收集行动"，2015年首批启动了湖北、湖南、广西和重庆4省（区、市）的普查与收集。在农业农村部种业管理司的直接领导下，组建了以首席科学家刘旭院士为核心，中国农业科学院作物科学研究所，各相关省（区、市）农业农村厅（委）、农业科学院和县（市、区）农业主管部门组成的"行动"执行网络体系，全面实施"第三次全国农作物种质资源普查与收集行动"实施方案。

　　经过4年多的努力，4省（区、市）共完成235个县（市、区）农作物种质资源的普查与征集和73个县（市、区）的调查与抢救性收集，累计收集各类农作物种质资源1.6万份。后续的资源移交工作等也即将结束。这些资源将极大地丰富国家种质资源库。发现和鉴定出一批优异的种质资源，已经或即将在当地的农业农村经济发展中和乡村振兴等方面发挥巨大作用。

　　在"行动"开展过程中，奋战在资源保护一线的领导、专家、技术人员以及普通群众，涌现出许多先进人物和典型事例，他们为国家的种质资源保护工作贡献了自己的一份力量和一份坚守，值得宣传和学习。

　　我们作为普通的种质资源工作者能够参与其中也感到很荣幸。在此感谢各省（区、市）的有关单位对我们普查工作办公室的大力支持！由于时间仓促，本汇编难免有疏漏之处，敬请大家批评指正！

编　者

2021年1月

湖北卷

湖南卷

广西卷

重庆卷

湖北卷

一、优异资源篇

（一）芳畈早熟玉皇李

种质名称：芳畈早熟玉皇李。

学名：李（*Prunus salicina* Lindl.）。

采集地：湖北省大悟县。

主要特征特性：果大、早熟、品质好，十分俏销。芳畈早熟玉皇李6月果实成熟。须用野桃树作砧木嫁接。平均单果重60g，顶部圆或微凹，缝合线浅，梗洼中深；果实黄色，果粉较多，银灰色。果肉黄色，细腻，纤维少，汁液中多，味甜微酸，香气浓，含可溶性固形物10%～14%，品质上等。离核，核小，可食率97%。

利用价值：早熟，果大，品质好。可鲜食、加工。

芳畈早熟玉皇李植株

湖北省农业科学院果树茶叶研究所　田瑞

（二）大悟袖珍花生

种质名称：大悟袖珍花生。

学名：花生（*Arachis hypogaea* L.）。

采集地：湖北省大悟县。

主要特征特性：大悟袖珍花生以果小、粒饱、口味好而闻名。种植历史悠久，几十年种植从未见发生严重病害，表现出超强的抗病虫、抗旱、耐瘠薄等优异特性。

利用价值：为当地特有的名优花生种质资源，可作为优质抗病品种推广或作为优质抗病育种材料。

大悟袖珍花生

湖北省大悟县种子管理局　雷绍新

（三）野生拐枣

种质名称：野生拐枣。

学名：枳椇（*Hovenia acerba* Lindl.）。

采集地：湖北省咸丰县。

主要特征特性：该野生拐枣树高10多米，叶子很像枣树的叶子，但比枣叶大，长在8～16cm，宽6～10cm，椭圆形，边缘有锯齿，上面有3条很明显的叶脉，叶互生。果实圆形或宽椭圆形，生于肉质扭曲的果序轴上。

据当地人介绍，拐枣花期6月，果期8—10月。我们吃的拐枣并非它的果实，而是它肥厚的如筷子般粗细的果序轴。霜后的拐枣"果实"，肉质鲜嫩，甘甜如饴，涩味消失，令人回味无穷。

利用价值：拐枣能"补中益气"（《滇南本草图说》），能"止渴除烦、润五脏、利大小便、去膈上热、功用如蜜"（《本草拾遗》），具有较多的药用价值；《随息居饮食谱》记载，"解烧酒毒，以枳椇子煎浓汤灌"，可见"解酒毒"是拐枣果实——枳椇子的另一大功能。

拐枣植株　　　　　　　　　　　　拐枣果枝

湖北省农业科学院粮食作物研究所　张士龙

（四）拴马桩萝卜

种质名称：拴马桩萝卜。

学名：萝卜（*Raphanus sativus* L.）。

采集地：湖北省咸丰县。

主要特征特性：拴马桩萝卜块头大，平均肉质块根长度50～60cm，横径7～10cm，重量3kg左右。该品种植株健壮，叶簇半直立或较平展，开展度约60cm，叶色深绿；块根呈长弯圆柱形，头尾略细，皮色白色，肉质白嫩、多汁、无辛辣味，口感脆甜。由于肉质块根大部深扎土层，露出地面部分仅约20cm，十分稳固，当地村民形象地称之为"拴马桩"。

据咸丰县农业局退休老局长白德清介绍，从他记事时起，该萝卜品种就已经在当地种植，种植历史估计百年以上。该品种需种植在土层深厚、松软的田地里，7月中下旬播种，10月中下旬即可收获，来年2月初抽薹。在种植过程中要多施钾、磷肥。如果生长正常，最大的萝卜长达80cm，肉质根横径达20cm，重量可达15kg，1亩（1亩≈667m²，全书同）地可产萝卜7 500kg左右。据调查，在当地1 000m的海拔高度上，目前还没有发现在个头上与其匹敌的其他萝卜品种。

利用价值：该地方品种是一份珍贵的萝卜种质资源材料，具有良好的科研价值和开发利用价值。

拴马桩萝卜及其切面

湖北省农业科学院粮食作物研究所　张士龙

（五）安陆白花菜

种质名称：安陆白花菜。

学名：羊角菜［*Gynandropsis gynandra*（Linnaeus）Briquet］。

采集地：湖北省安陆市。

主要特征特性：安陆白花菜又名香菜，含有特殊的白花菜素，安陆市独特的地方蔬菜品种，不能鲜食，须将其茎叶腌制后方可食用。安陆白花菜栽培历史悠久。康熙《安陆县志》记载："白花菜：夏月开小白花，可为菹，香味绝胜，有红梗白梗两种，红梗尤美，他处皆不及亦土性异也。"白花菜4—9月均可播种，10～38℃温度下均可生长，生长适温10～25℃，尤以5—7月，20～32℃生长良好，喜向阳温暖，较耐旱，生长季节短，且再生能力强。全市各地均产，以府河、漳水两岸味道最为纯正。

利用价值：为地方特色蔬菜资源。生长季节短，上市快，可多茬采收利用。

安陆白花菜种荚及种子　　　　　安陆白花菜植株

湖北省安陆市种子管理局　高泉

（六）崇阳磨盘柿

种质名称：崇阳磨盘柿。

学名：柿（*Diospyros kaki* Thunb.）。

采集地：湖北省崇阳县。

主要特征特性：该资源为多年生，抗旱耐贫瘠，种质分布窄，散生，可生长在森林、丘陵、山地，适宜土壤类型为红壤。

利用价值：该资源为抗旱耐贫瘠种质资源，可作为抗性育种材料研究和利用，亦可作为栽培品种利用。

采集的磨盘柿枝条　　　　　磨盘柿

湖北省崇阳县种子管理局　　王荣娟

（七）崇阳野生猕猴桃

种质名称：崇阳野生猕猴桃。

学名：中华猕猴桃（*Actinidia chinensis* Planch.）。

采集地：湖北省崇阳县。

主要特征特性：该资源为多年生，一般在10月上旬收获，抗病性好，种质用途是食用果实。种质分布广，散生，生长在森林、山地，适宜土壤类型为黄壤。

利用价值：该资源为猕猴桃抗病种质资源，可直接栽培利用或者作为育种材料。

崇阳野生猕猴桃

湖北崇阳县种子管理局　　王荣娟

（八）松滋血桃

种质名称：松滋血桃。

学名：桃（*Amygdalus persica* L.）。

采集地：湖北省松滋市。

主要特征特性：松滋血桃是松滋市本地特有资源，现仅在涴水、刘家场、卸甲坪等山区乡镇零散存在。7月中旬至11月上旬成熟；其果大，成熟后果肉、果皮均呈鲜红色，入口脆甜，滋味醇正，口感极佳。但树体抗病性较弱，成树存活年限短，目前该品种在松滋市已极为少见。

利用价值：优质桃品种资源，鲜食。

松滋血桃

湖北省松滋市种子管理局　伍业霞

（九）牛肝豆

种质名称：牛肝豆。

学名：大豆［*Glycine max*（L.）Merr.］。

采集地：湖北省通山县。

主要特征特性：该资源属于强抗旱、耐瘠薄的大豆品种，生产的酱油、豆豉等产品风味独特。

利用价值：作为优质酱油和豆豉的原料，有极大的市场开发潜力。

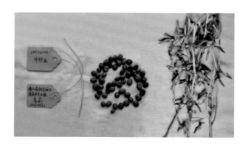

牛肝豆

湖北省农业科学院粮食作物研究所　张士龙　李莉

（十）水葡萄

种质名称：水葡萄。

学名：稻（*Oryza sativa* L.）。

采集地：湖北省蕲春县。

主要特征特性：水稻资源水葡萄，耐寒，不耐高温，易感稻瘟病，全生育期158d，糙米率78.12%，整精米率74.88%，直链淀粉含量14.8%，胶稠度45.5mm，口感好，煮稀饭有香味。

利用价值：优质和耐寒的稻种资源。

水葡萄米粒

湖北省农业科学院粮食作物研究所　邱东峰

（十一）远安野冲菜

种质名称：远安野冲菜。

学名：芥菜（*Brassica juncea* L.）。

采集地：湖北省远安县。

主要特征特性：远安野冲菜是当地的特色蔬菜资源，属芥菜类野菜，清脆爽口，香气浓郁，是远安县地理标志农产品。

利用价值：特色蔬菜资源。冬春是制作冲菜的季节，原料也可以用腊菜薹或白菜薹，不同区域制作有差异。一般将青腊菜整棵砍回，洗净、晾晒水分，制作前要进行烫漂处理、腊菜入近开水，翻身迅速出锅、冷却后即可装坛，坛内加入放凉的烫漂水适量，封坛，冬季约一周即可开坛食用，用时切丁，炒时添加当地油辣椒，出锅香气扑鼻，是当地一宠，稍带辛辣味。传统的冲菜制作方法和现代技术相结合，辅以严格的制作工艺，已成为当地农民发家致富的法宝。

远安野冲菜

湖北省农业科学院　尹延旭　张再君

武汉市农业科学院蔬菜科学研究所　徐长城

（十二）米豆

种质名称：米豆。

学名：小豆［*Vigna angularis*（Willd.）Ohwi et Ohashi］。

采集地：湖北省通城县。

主要特征特性：小豆地方品种，耐贫瘠，品质优，口感好，具有补血功能。现只有少数农民零星种植。

利用价值：优质的食用豆种质资源。

米豆

湖北省农业科学院粮食作物研究所　李莉

（十三）马鞍山辣椒

种质名称：马鞍山辣椒。

学名：辣椒（*Capsicum annuum* L.）。

采集地：湖北省咸丰县。

主要特征特性：辣椒地方品种，高产、优质、抗病虫，干、鲜两用。株型半直立，无限分枝类型，分枝性强；首花节位14节，花冠白色，花药出现分离呈紫色或黄色，花柱紫色；青熟果浅绿色，果面无棱沟，有光泽，果实呈短指形，胎座中等，果肉厚0.1cm，外果皮偏厚，老熟果色呈鲜红色，单果重2.2g，熟性早，雄性可育，果实形态一致性好，单果种子数70~150粒，种皮黄色，味道辛辣，品质上等，极易干制。

利用价值：咸丰县活龙坪乡近200户农户种植该品种，种植面积近千亩。咸丰县活龙坪乡早熟的马鞍山辣椒，适宜做干椒，对拉动当地产业、农民脱贫增收起到重要作用。

马鞍山辣椒

湖北省农业科学院　尹延旭

（十四）金黄冠辣椒

种质名称：金黄冠辣椒。

学名：辣椒（*Capsicum annuum* L.）。

采集地：湖北省南漳县。

主要特征特性：辣椒优质资源，黄色，微辣，微甜，口感极好，为当地蔬菜产业主打品牌。株型半直立，有限分枝类型，分枝性中等，青熟果色绿色，果面浅棱沟，有光泽；商品果纵径8.76cm，横径3.02cm，果梗长度4.84cm，果实长锥形，胎座大，果肉厚0.26cm，3心室，老熟果黄色，单果重19.72g。

利用价值：可腌制、泡制、酱制、干制。

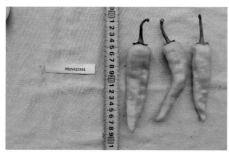

金黄冠辣椒

湖北省农业科学院　尹延旭　崔磊

（十五）野生茄子

种质名称：野生茄子。

学名：喀西茄（*Solanum khasianum* C. B. Clarke）。

采集地：湖北省红安县。

主要特征特性：该资源叶被皮刺，果实圆球形，成熟果黄色，有特殊香味（类甜瓜香），具观赏性，抗性极强。株型开展，主茎绿色，叶卵圆形，叶色绿色，叶刺多，首花节位8节，果实着生水平状，花白绿色；果面斑纹绿色细条状，果面无棱沟，果面有光泽，果顶平，果实圆球形，纵径3.0cm，横径2.6cm，果脐直径0.1cm，果实萼片小，呈绿色，果萼下白色，果萼刺极多，果实横切面圆形，成熟果黄白色，1心室，单果重约10g，种子褐色。

利用价值：可作茄子砧木和抗性基因的来源。

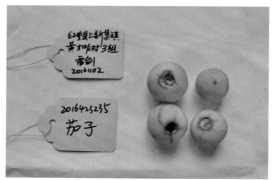

野生茄子

湖北省农业科学院　尹延旭
武汉市农业科学院蔬菜科学研究所　徐长城

（十六）远安冬瓜

种质名称：远安冬瓜。

学名：冬瓜（*Benincasa hispida* Cogn.）。

采集地：湖北省远安县。

主要特征特性：瓜肉较致密，耐贮藏，粉皮。叶形掌状，叶色深绿，叶面无白斑，首雌花节位11节，主蔓结瓜，嫩瓜斑纹色深绿，嫩瓜纵径40.8cm，横径8.8cm，嫩瓜肉厚2.7cm，单瓜重约1.9kg，瓜面多蜡粉，老瓜银灰色，老瓜瓜面有点状斑纹，有浅棱沟。老瓜纵径39.6cm，横径8.2cm，老瓜肉厚2.5cm，老瓜肉色白色，瓜形长筒形，3心室，老瓜单瓜重2.1kg，熟性较早，播种到嫩瓜始约70d，种瓜生育期120d左右。

利用价值：熟性早、瓜形小、便于食用和销售。

远安冬瓜

湖北省农业科学院尹延旭　张再君

武汉市农业科学院蔬菜科学研究所　徐长城

（十七）红安苕

种质名称：红安苕。

学名：甘薯［*Ipomoea batatas*（L.）Lam.］。

采集地：湖北省红安县。

主要特征特性：红安苕是地方特色白皮红心苕，适合烘烤食品，已发展2 000万亩，产值4 000万元。

利用价值：适合做烘烤食品。

红安苕

湖北省农业科学院粮食作物研究所　雷剑

（十八）武当榔梅

种质名称：武当榔梅。

学名：李（*Prunus salicina* Lindl.）。

采集地：湖北省丹江口市。

主要特征特性：单果重62.9g，大小整齐，果实橙黄色，果皮光洁细腻、光泽度好。果实卵圆形，果肉黄色，肉质柔软致密，汁液丰富，酸甜适度。有淡香气。离核，果实品质中上。3月上旬开花，6月中旬成熟，11月中下旬落叶。可溶性固形物12.0%，可溶性糖8.11g/100g，可滴定酸17.51g/kg。果面光洁、外观美。肉质细腻，汁液丰富，酸甜适度，品质优。金相玉质、外观诱人，而且吃起来爽口、酸甜适度，让人唇齿留香。

利用价值：既可鲜食，又可加工成果酒、果脯、果冻来食用。

武当榔梅

湖北省农业科学院果树茶叶研究所　田瑞

（十九）昭君眉豆

种质名称：昭君眉豆。

学名：菜豆（*Phaseolus vulgaris* L.）。

采集地：湖北省兴山县。

主要特征特性：品种古老，营养价值高，抗病虫害，6月初播种，9月收获，结果集中；豆荚长条状，表皮不木质化，有绒毛，附有清香味，豆荚颜色白底并附有鲜艳的紫红色花纹，干豆荚弯曲，表皮皱缩，紧贴豆米，颜色转为黄色，少许有紫色暗花；豆米颜值高，饱满呈肾形，表皮光滑，乳白色带有淡紫色花纹；"老了吃荚"是昭君眉豆的吃法。

昭君眉豆是一种传统的地方特色菜豆，昭君眉豆之名始于李瑞环所说："昭君眉豆好吃。"这同样是当地老百姓对昭君眉豆的评价。昭君好看，眉豆好吃，昭君眉豆好看又好吃，既充分体现了当地昭君文化特色，又非常形象生动。

利用价值：昭君眉豆口感上佳，易储存，是筵中美味佳品。而高钾低脂的特点，让其养生特性突出。昭君眉豆具有调节人体平衡、提高免疫力、降低胆固醇等功效，适合高血压、糖尿病人食用，同时丰富的膳食纤维还有促进脂肪代谢、减重、美容养颜等功效。

昭君眉豆是湖北省宜昌市蔬菜类第一个中国农产品地理标志保护产品。俏红颜牌昭君眉豆基地被中国农业国际合作促进会评定为"安全农产品联产联销合作基地""宜昌市蔬菜标准化示范基地"。俏红颜牌昭君眉豆在武汉第九届农业博览会上获得金奖。2013年获得A级绿色食品证书。2013年，兴山县盛世红颜蔬菜专业合作社申报的"昭君眉豆"通过农业农村部农产品质量安全中心审查和组织专家评审，实施国家农产品地理标志登记保护。昭君眉豆深受消费者的喜爱，目前产品销往中国香港、上海、广州、杭州、长沙、成都、武汉等地，产品仅能满足高端餐饮酒店销售，极大地提高了当地种植农户的收入。

昭君眉豆种子及其种荚

昭君眉豆结果状

湖北省兴山县农业局　孔祥琼

（二十）罗田乌壳栗

种质名称：罗田乌壳栗。

学名：栗（*Castanea mollissima* Blume）。

采集地：湖北省罗田县。

主要特征特性：该资源树冠圆头形，树势中等，树姿开张，果实成熟期9月中下旬，总苞球形，较大，坚果暗褐色，有光泽，栗仁黄色，微甜，品质上等，耐贮藏，适宜加工；该品种为典型的南方板栗品种，因坚果颜色特别，极具辨识度，原名"大乌栗"；果实耐贮性极佳，且风味浓郁，在栗农中口碑良好，并被广泛种植。该品种生长树势中庸，抗旱性及抗病虫性强，耐瘠薄，管理省工；丰产性强，一般栽后4～5年进入投产期，平均亩产150kg以上；果实暗褐色，较大，品质好，9月中下旬成熟，耐贮性好，经济效益高，发展前景广阔。

利用价值：属菜用型板栗，为中晚熟鲜食加工兼用型品种；果实风味浓郁，品质上等，耐贮藏，适宜加工，加工上适宜于制罐、制开口笑和冷冻栗仁等产品。

罗田乌壳栗来源于罗田县胜利镇，于2002年开始在罗田县其他地方发展，至2018年仅在罗田县发展到12万余亩，总产量1.6万余t。明显提升了该县板栗果实的产量和质量，提高了板栗生产的社会效益和经济效益，推动了罗田县板栗产业的发展。

罗田乌壳栗结果状 　　　　　　　　　　刺苞

湖北省农业科学院果树茶叶研究所　徐育海　何秀娟

（二十一）利川莼菜

种质名称：利川莼菜。

学名：莼菜（*Brasenia schreberi* J. F. Gmel.）。

采集地：湖北省利川市。

主要特征特性：该资源叶片互生，初生叶片卷曲，卷叶外包裹着一层透明胶质，叶片平展后椭圆形，全缘，浮水。叶正面绿色，叶背红色，叶片长8～9cm，宽5～6cm。优质，胶质厚。口感圆润、鲜美滑嫩、营养丰富。

利用价值：可用于深加工莼菜食品、保健品以及化妆品，以充分发挥其营养和保健功能。利川莼菜种植面积超过3万亩，已成为当地重要的特色支柱产业之一，种植莼菜也成为当地农民脱贫致富的重要渠道，莼菜产业逐步向标准化、产业化方向迈进，对当地的经济发展做出了积极贡献。

利川莼菜

湖北省农业科学院经济作物研究所　尹延旭
武汉市农业科学院蔬菜研究所　朱红莲

（二十二）武穴山药

种质名称：武穴山药。

学名：薯蓣（*Dioscorea opposita* Thunb.）。

采集地：湖北省大别山南麓、鄂东边缘。

主要特征特性：皮薄，表皮呈土黄色，断面肉质凝白，气味清香，水分充足，淀粉含量丰富；煮熟后，口感滑爽，咀嚼无木质纤维渣。单个块茎质量大于等于150g。营养品质整体优良。长煮不糊，口感粉糯。

利用价值：该资源是特色山药，可用于保健食品加工。个体农户分散种植，品种纯度退化，建议品种纯化。适宜在湖北省武穴市梅川镇、余川镇及其毗邻山药生长区域种植。

| 规模化栽培大田 | 薯块 |

湖北省农业科学院经济作物研究所　吴金平　郭凤领

（二十三）芝麻湖神藕

种质名称：芝麻湖神藕。

学名：莲（*Nelumbo nucifera* Gaertn.）。

采集地：湖北省浠水县。

主要特征特性：该资源一般长90cm左右，有3～4节，节间长14～37cm，横径5～6cm，呈长圆筒形，略呈方形，面上有一平缓凹槽，表皮黄玉色，子藕2～3支，无节毛，无锈色，节间粗壮，耐贮藏。青荷藕味甜，肉质脆嫩化渣，水分足，可作水果生吃，老熟藕煨汤粉质。

品质优良，具有醒神明目、滋阴补肾、止血安神等功效。据检测，芝麻湖神藕富含淀粉、蛋白质，且含有多种维生素，营养丰富。

利用价值：鲜藕作为水生蔬菜，已开发出速溶藕粉、荷叶茶、荷花茶等系列产品，正在开发文化、旅游项目。浠水县已高度重视芝麻湖神藕的生产加工、文化、旅游开发价值，制订了产业发展规划，成立了农业产业化龙头企业，注册了商标，生产面积1 500亩，辐射带动周边莲藕产业2万亩，为浠水县近万户农民增产增收、脱贫致富发挥了较大作用。

芝麻湖神藕

湖北省农业科学院　尹延旭

武汉市农业科学院蔬菜研究所　朱红莲

二、资源利用篇

（一）发挥沔城藕特色优势，帮助农民脱贫致富

> 湖水平桥近古城，红莲花好镜中明。
> 亭事不受淤泥染，花与濂溪心共清。
>
> ——［明］卢滋

东沼红莲，为沔阳八景之一，以古城东门外的大小莲花池最为出名。大莲花池莲花洁白，小莲花池莲花红艳，从不杂色。明朝学政卢滋在沔阳（今仙桃沔城回族镇）留下了咏沔阳八景的著名诗篇，其中这首对东沼红莲的描写，充满了诗情画意，吸引了无数文人墨客驻足观赏。

沔城东沼花香藕肥，盛产莲藕，素有"莲乡藕城"之称，也世代流传"李白赠莲引神种"的美丽传说。沔城藕作为沔城首屈一指的特产，也是仙桃著名的三宝之一。莲藕粗壮肥大，肉质松脆，纹理细腻，味道鲜美。生食甘甜，煨汤香糯，来到沔城的客人都要吃一碗藕汤，一享美味佳肴，感受那"生吃如秋梨般清甜，熟食如板栗般粉扑"的美味。历史上，沔城藕一直是进奉皇帝的上等贡品，被人们视为席中珍品。

沔城地处江汉平原腹地，位于湖北省中南部之长江、汉水交汇冲积的三角洲，土壤肥沃，气候宜人，地理区位优势和肥沃甘甜的水质土壤，共同打造了沔城藕得天独厚的生长环境。2013年，经国家工商行政管理总局商标局认定，"沔城藕"获批中国国家地理标志证明商标。

自"第三次全国农作物种质资源普查与收集行动"启动以来，国家种质武汉水生蔬菜资源圃积极主动，加强对濒危植物的抢救收集以及对地方优异种质资源的保护。沔城藕因藕形为中长筒，皮色较白，煨汤粉、香，藕头短圆，形似鸭蛋，又被称为鸭蛋头，随着城市的变迁，其他品种的引入，以及土壤环境等因素，沔城藕出现了退化及混杂。自项目启动以来，武汉市农业科学院蔬菜研究所水生蔬菜研究室柯卫东团队多次在沔城进行实地考察，对沔城藕展开收集并提纯复壮。通过在国家种质武汉水生蔬菜资源圃内连续两年的鉴定评价，沔城藕表现为株高150cm左右，叶柄粗1.5cm，叶片平展，叶片长

半径35cm，短半径25cm，叶面光滑。花白色。藕节间中长筒，表皮白色，子藕较小，主藕一般3～4节，主藕长78.5cm，主节长18cm，粗6.7cm。单支整藕重1.6kg，主藕重1.26kg，主节重0.4kg，亩产1 060kg左右。经农业农村部食品质量监督检验测试中心（武汉）检测，沔城藕干物质含量21.4%，粗蛋白质含量2.13%，可溶性糖含量2.06%，淀粉含量11.6%。

沔城藕主要栽培在沔城南桥村小朱垸。种植规模从最开始的4～5户、30多亩，发展到2014年的120户、1 500亩。2015年在仙桃市科技部门大力推荐下，镇政府与武汉市农业科学院蔬菜研究所水生蔬菜研究室合作，邀请柯卫东专家团队对农民进行指导培训，将传统的一年一茬的莲藕种植模式调整为"藕—稻"连作模式，提早了莲藕上市的时间，大大增加了莲藕种植的收益。许多村民也通过沔城藕种植脱贫致富。南桥村四组村民卢进元，今年46岁，因幼时家庭贫困，十几岁辍学回家后就开始种植沔城藕，近几年扩大了种植面积承包了几十亩莲藕田，并通过"藕—稻"连作模式进行沔城藕种植，种植很成功，大大提高了莲藕种植效益，目前年收入达20多万元，而且在集镇买了新房，添置了新车。他还主动传授种植技术给周边农户，带领本村老百姓发家致富。同组村民刘国忠，今年60岁，一家老小共6口人，在1990年前，家庭条件非常困难，1991年开始种植沔城藕，2015年，又大胆尝试"藕—稻"连作模式，收入十分可观，他现在盖起了小洋楼，买了几台农用机械，大货车、小货车，应有尽有，固定资产达100多万元，是当之无愧的藕稻连作带头人，在他的影响下，附近二组、三组的村民也加入沔城藕种植的行列，个个收入大大提高，喜笑颜开。南桥村村民张思栋，成立琦玲莲藕种植合作社，流转土地400多亩种植沔城藕，走有机生产路线，并申报无公害农产品认定，严格把控沔城藕品质，同时采取电商零售等多种销售渠道，每年春节前，生意异常火爆。张思栋介绍，早期自己走南闯北贩过水果、贩过蔬菜，长期在外感觉很疲惫。一次和外地好友在自家吃饭，端上饭桌的一碗沔城藕汤让友人赞不绝口，于是有了自己种植沔城藕的想法，"自己家乡的沔城藕如此美味，为什么不把它种出去呢"，于是，凭着不怕苦的那股劲，张思栋的沔城藕一下子就打开了市场，"人家的藕春节价格每斤[①]四五块，我的沔城藕每斤可以在十块以上，还供不应求。"张思栋的话里透出他的自豪。

与此同时，镇政府引导湖北沔州农业科技发展股份有限公司建立七里垸生态观光莲藕种植示范基地，镇政府采取流转土地，承包到公司主导经营，用公司化模式严格规范的种植流程及技术指导，确保沔城藕的品质，夯实沔城莲藕的品牌影响力。通过试验沔城藕的改良技术和"藕—稻"连作模式，2016年推广种植沔城藕500亩，产量500t，产值达500万元。一方面带动了当地藕农致富。通过实施七里垸千亩生态观光莲藕基地建设，辐射带动周边生态农业发展，整合分散经营的藕农，进行种植、生产、销售、加工等规范化操作，实现集约化运作，规避市场风险，带来规模效益。另一方面也带动了沔城旅游发展。沔城回族镇是湖北省旅游名镇，而沔城藕更是这里一道风味独特的佳肴。通过七里垸千亩生态观光莲藕基地建设项目，进一步提升沔城藕的美誉度和沔城旅游的

---

① 1斤＝0.5kg，无特别注明处均同

知名度，从而带动沔城的历史古迹游和生态观光游。同时通过大规模种植沔城藕也带动了其他第三产业饮食、服务业的发展，给下岗职工增加了就业机会，对提高人们生活质量、促进社会稳定都有极大的促进、带动作用。

沔城莲花池

沔城藕

武汉市农业科学院蔬菜研究所　朱红莲　匡晶

（二）"磨坪贡茶"发掘记

南漳县普查人员收集到4份磨坪贡茶资源，当地俗称"磨坪寺贡茶"，历史悠久，品质超群，古代就以"味芳美"而著称，相传在3 100年以前就是楚国早期宫廷的专用物品（贡茶），清朝乾隆时期发展为皇家贡品的"磨坪贡茶"。由于历史原因，遗留到现在仅还存有清代老茶园近1亩。磨坪贡茶是经当地的自然与栽培条件下长期的自然和人为选择形成的地方品种，属小乔木型，中叶类，叶色浓绿。具有抗寒、抗旱性强，耐瘠薄等优良特性。适制绿茶，具有气味芳香、味道鲜醇，茶质细嫩等优良品质。

2015年11月，湖北省农业科学院资源调查队来到南漳，经查阅资料：磨坪贡茶是经当地自然与栽培条件下长期的自然和人为选择，形成的地方品种，具有抗寒、抗旱、耐瘠薄等优良品性，具有气味芳香、味道鲜醇，茶质细嫩的特点。普查团一行风尘仆仆，来到种源地李庙镇寻查。虽然"磨坪贡茶"在当地已有茶商注册了全国农产品地理标志，但它的原始茶园在何地，一直无人知晓。为了查明是否还有古茶桩，是否还有存活茶树，在李庙农技中心的精心组织下，一是查明了所在村落，二是在磨坪寺村查访80岁以上的老人，通过排除法查找茶园。共在该村查到8名八旬以上老人，通过访谈其中有6名反映有此事，但不能证明出自何地，仅两人证明有此事并知道确切地址，但是否有存活茶树，并不知道。故而于11月5日请到时年84岁的高家成老人做向导，去寻觅人心向往的古茶园。

磨坪地处李庙西北，距南漳县城30km，这里大山延绵，山峦叠嶂，植被茂密，气候温和。早期，这里还是大森林，人迹罕至的便道长满林木，现在交通网四通八达，真是"踏破铁鞋无觅处，得来全不费工夫"，当车驶离村委会数千米处，向导指着右山说"到了"，一行人下车过了一道山涧，向导说："就在这儿。"这里是一座石漠化山地，树木较少，杂草特别茂盛，在杂草的掩映下，陡峭的石缝中，顽强地生长着50余株茶树。向导介绍说"我今年84岁了，从记事时就见这些茶树就这样，又有六七十年了"。

调查队成员，中国茶叶研究所郝万军博士，对其生物学特性进行对比介绍道："这个茶品种茶花芳香独特，为少见的大叶茶，是做高端茶的理想品种，在石缝中树丛撑破漠石形成超过一平方米的丛状，茶树较粗的干直径已有2cm，顺岩匍匐而下的主干达5m之长，由此推断，该茶树年代久远，应在200年以上，品种独特，应作为珍稀资源加以收集和保护。"

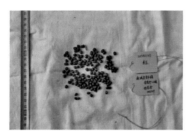

磨坪贡茶种子及枝叶

磨坪贡茶主干及植株

优良特异品种的保护利用，不仅丰富了物种的多样性，还能将濒危物种加以保护，更能为人类带来健康。珍稀、特异茶品种的发掘开发又可为三产融合的精准扶贫带来巨大的社会效益。但遗憾的是：由于调查队辗转各地时间较长，采集枝条失水，故未能培活。高端茶的优良品性，不仅考究茶树的生长环境和制作工艺，更重要的是茶品种的固有特性。为了稀有资源能被更好地利用而不遗失，笔者于2016年在原茶园采得鲜茶3.5kg，制得干品0.5kg，寄给中国农业科学院茶叶研究所对其几个主要成分含量进行检测，结果测得氨基酸3.84%、咖啡碱3.43%、儿茶素14.38%、茶多酚20.84%，"和制作龙井茶的指标基本一致，因数量极少，人工炒制，可能还影响了指标的测定。"得出了可做高端茶的结论。为使得这一品种早日造福人类，笔者于2017年秋采集200余枝条（春、夏发新枝，一枝一包裹）寄至中国农业科学院茶叶研究所。据悉扦插成活160多株，是否为珍稀、特异品种，接下来还要对其进行DUS鉴定，这个程序要4～5年。相信在不久的将来，"磨坪贡茶"将大放异彩。

湖北省南漳县农业科学研究所　陈爱军

湖北省南漳县李庙镇农技服务中心　罗明文

（三）桃叶橙资源保护与开发利用

桃叶橙，湖北省特有的柑橘地方资源，系湖北省农业科学院在秭归县收集，为地方特色良种资源，适宜在三峡库区低山河谷地区及相似区域栽培，因其叶片似桃叶而得名为桃叶橙。

桃叶橙花芽分化能力强，对土壤适应性强，平地、丘陵等红黄壤土，pH值5.5～6.5微酸性土壤均适合种植，但以丘陵地、向阳缓坡地、低山河谷区域种植品质好，产量高。桃叶橙对气候条件的要求较高，广泛存在于秭归低海拔区域。因三峡大坝工程的建设会淹没大量桃叶橙资源，为此湖北省农业科学院对位于海拔175m以下的37份桃叶橙资源进行了抢救性保存，并就地建立了桃叶橙资源保存圃。同时，湖北省农业科学院对秭归县全县区域内的桃叶橙资源进行了生物学特性的观察记载和鉴定，并对不同资源进行了分子鉴定和分类。桃叶橙与枳壳、红橘、温州蜜柑、脐橙类均嫁接亲和。经对桃叶橙资源系统鉴定、提纯优选，当地建设核心基地550亩，助推桃叶橙产业发展。近年来，桃叶橙种植面积发展到3 000多亩，产值4 000万元以上。

另外，湖北省农业科学院还以少核（种子数6粒或6粒以下）、品质优（可溶性固形物含量12%以上）、丰产性好（高接第3年亩产1 500kg以上）为选育目标，对全县的桃叶橙资源进行了评价筛选。最终，筛选出了果大、少核或无核、高糖低酸的3个桃叶橙优良单株，编号分别为WSF40、DYL63和WGH01。通过进一步的观察与比较，发现桃叶橙WSF40表现更为优良，平均每果种子数4.3粒，明显低于普通桃叶橙的种子数（14.4粒/果），其果实品质优良，可溶性固形物含量12%以上，平均单果重140g以上，保持了桃叶橙18号的固有品质，属于桃叶橙中的少核大果类型。同时进行了区域试验，申请了品种审定，最终定名为'金峡桃叶橙'，也申请了植物新品种保护。

桃叶橙果实

桃叶橙资源保存圃

湖北省农业科学院果树茶叶研究所　宋放

（四）红安珍珠花菜

1. 生活习性

红安珍珠花菜，当地称之为"珍珠花"，系多年生落叶灌木，根蘖性强，主根发达，树高2～5m，从栽培到开花结实一般为4～5年。其干枝多灰褐色，小枝红褐色，叶对生，奇数羽状复叶，小叶3～7个。花白色，为两性，顶生圆锥花序，成串而生，盛花季节，满树洁白无瑕，一串串形似珍珠，故而名"珍珠花"，其种子球状，倒卵形，可播种育苗繁殖。其嫩叶和枝干可以食用，红安珍珠花穗长、味香、色泽鲜嫩。

珍珠花产于湖北省各山区，生于山谷、山坡、丛林或路旁，为阴性树种，耐荫蔽，忌强光直射，怕水涝，对土壤要求不严，但喜欢生长在疏松、通气性良好的砂壤土或壤土上。对气候等自然条件要求不严，适应性强，易管理。

2. 珍珠花的利用价值

珍珠花有着极其显著的药用价值。《中草药售》一书记载，珍珠花有清热解毒、消肿、散结之功效。珍珠花菜内含多种蛋白质、维生素和微量元素，可食用，有降脂、降压之效用。长期食用，对无名肿痛、痔疮、皮炎、动脉硬化、肠炎等病症具有一定疗效。同时被用于治疗干咳、妇女产后瘀血不净，还有抗菌、消炎、清热、防癌等功效。

珍珠花除了药用价值外，还有着极其丰富的营养价值和食用价值。把它掺入饭中，食之清香扑鼻，使人心旷神怡，尤其掺入肉中，食之香甜可口，回味无穷，鲜叶做汤那是真正的山中珍品。当地多以干珍珠花煨汤、凉拌、炒食或配菜。

珍珠花菜还和红安人民一样蕴藏着深厚的红色基因。当年国民党军围剿鄂豫皖老苏区时，红军退守到深山，没有粮食就靠野山菜渡过一次次难关，其中珍珠花同其他野山菜一样功不可没。

而今，我们生活富裕了，物质生活水平不断提高，人们开始崇尚自然，返璞归真，青睐自然野生绿色食品的消费，作为野生菜的珍珠花越来越被人们当作极品佳肴。

3. 珍珠花产业发展

近年来由于生态遭到人为破坏，珍珠花山野菜数量越来越少，濒临绝种，保护好这一资源已迫在眉睫。根据珍珠花对土壤要求不严，对气候与自然条件要求不高的特点，对照马岗村属丘陵地带，气候适宜，山岔山坡和丛林面积大，优越的地理条件很适宜种植珍珠花，众旺合作社在县农业局和镇政府、扶贫工作组及村两委的帮扶下，发动群众栽种了500余亩。

合作社给农户算了一笔账：每亩栽300棵，3年后，每棵产150g干珍珠花，按现在价就是18元钱，1亩就能收5 400元。5年后到丰产期，产量能翻倍，形成"绿色银行"。加之珍珠花是多年生灌木，清明前就采摘，不存在打农药问题，其寿命长达六七十年，投资效益高。

珍珠花可采摘种子育苗，易于解决苗源不足问题。众旺种植合作社2017年已初步育苗5亩，并计划逐年扩大种植面积，让满山满岗开满珍珠花，使珍珠花逐步形成马岗村的支柱产业、特色产业，帮助村民在家门口增收致富，帮助贫困户稳定脱贫，把马岗村的珍珠花打造成七里坪特色产业里的又一大亮点，为美丽的七里坪添砖加瓦。

珍珠花

目前，红安县年产珍珠花菜干超过10 000kg，带动山区农民脱贫成效显著。

珍珠花"花开成景，花干成品"，众旺种植合作社将把它发展成七里坪镇的"致富花""幸福花"，乃至七里坪镇的"镇花"。

湖北省红安县七里坪镇众旺种植合作社　李显成

湖北省农业科学院经济作物研究所　尹延旭　郭凤领

（五）充分利用优异资源，助推柑橘产业提档升级

1.秭归柑橘产业概况

秭归县位于湖北省西部，长江西陵峡畔，三峡工程坝上库首，属鄂西南山区，夏无酷暑，冬无严寒，气候温和，雨量充沛，是著名的"中国脐橙之乡"。全县总面积2 427km²，属亚热带季风气候。受山区立体气候的影响，农作物种质资源十分丰富，其中尤以柑橘品种贮藏最为丰富。2015年开始的"第三次全国农作物种质资源普查与收集行动"共在此收集了32份农作物地方品种和野生近缘植物种质样本，其中柑橘品种为9份。

秭归县现已规模化种植柑橘30.2万亩，产量超过40.5万t，共涉及12个乡镇、116个村、5.9万多户农户、17.9万人。柑橘产业已成为秭归县最重要的特色产业、农业支柱产业，在全县经济、社会发展中具有重要的地位和作用，秭归县也是目前我国唯一四季有鲜橙的地方。

2. 秭归柑橘产业发展现状

诞生于秭归县的伟大爱国诗人屈原在《橘颂》篇章中写"后皇嘉树，橘徕服兮。受命不迁，生南国兮"。由此可追溯秭归柑橘种植历史已有2 300多年。

近年来，在中央及地方各级领导的深切关注下，在地方政府的大力扶持下，在全县柑农的共同努力下，秭归脐橙实施"品改"工程，增加种植面积，实现科学化管理，全面向农业现代化升级转型，逐步成为富县强民的主打产业。

（1）资源丰富，品种结构不断优化。秭归县依托独特的峡江气候，选育和引进示范种植了早红脐橙、红肉脐橙、伦晚脐橙、脐血橙、蜜奈夏橙等早、中、晚熟柑橘新品种、品系近80余个，且建有农业农村部授牌的国家现代农业（柑橘）产业体系三峡库区综合试验站，为秭归县保障了良种接穗的供应。多年来，通过秭归农业科技工作者不断探索，大胆实践，充分依托秭归独特的峡江气候，因地制宜、科学划分出海拔300 m以下晚熟柑橘果业带，海拔300～500 m中熟柑橘果业带，海拔500～600 m早熟柑橘果业带，泄滩为优质夏橙生产区，屈原镇为地方柑橘良种桃叶橙种植区，有力地推动秭归柑橘产业走上了良种化、区域化发展之路。

（2）科学种植，果园管理水平不断提升。秭归县通过多年的探索，按照"设施最完善、技术最先进、品质最优良、模式最经典、收入最高端、机制最高效、服务最满意、链条最完备"的目标，在柑橘生产上和技术上做出了科研与生产相结合、技术研发与示范推广相结合、产学研相结合的路子，探索、总结、创造了高标准建园、容器苗定植、测土配方施肥、省力化大枝修剪、精准微润灌溉、果园生草覆盖、果园四挂综防等先进栽培模式，提高了产业科技含量。同时，坚持"政府主导、农民主体""群防群治、联防统治"和"综合防控、绿色防控"的防控原则，扎实做好全县柑橘重大病虫害防控工作。每年投入柑橘重大病虫害防控专项资金300多万元，加强对柑农防控知识宣传和技术培训与指导，充分调动和发挥柑农防控积极性、主动性，并注重培养产业技术带头人和农民土专家，秭归县拥有柑橘产业方面高级职称的技术人员10人，每个柑橘主产村有一名首席农民专家，健全的技术服务体系有力地推动了柑橘产业转型升级。

（3）树立品牌，不断拓展柑橘产业链条。秭归县委、县政府带领群众走出的低山河谷发展柑橘之路使得秭归独特的区位优势、特殊的气候优势得到更有效发挥，劣势变成了优势，优势变成了效益，取得了经济、社会、生态效益相得益彰的良好效果，低山河谷地区10多万农民的经济收入85%来自柑橘产业，柑橘真正成为柑农们的"摇钱树"。对外秭归县委、县政府每年安排600万元专项资金用于"秭归脐橙"品牌推介，通过传统媒体、新媒体，在中央电视台、省级电视台和全国一些重点城市电视台，多渠道、多形式开展宣传，不断打造"秭归脐橙"品牌，扩大"秭归脐橙"品牌的影响力和竞争力。探索出一条"政府支持、片区推进、企业领衔、合作社跟进、柑农受益"的脐橙销售新路。对内提出"山上建基地、山下办工厂、山外连市场"的新路子，着力拓展产业链条，探索性走出了一条"公司+合作社+农户+基地"发展之路，快速形成了柑橘产业化新的格局。全县有柑橘洗果企业54家，深加工企业3家。不断强化柑橘产品研发力度，开发出橙酒、橙醋、橙饮料等产品，实现了"从花到果、从皮到渣零废弃综合利用"。

种植园

3. 秭归柑橘产业经济效益

通过多年发展，秭归脐橙产业的经济、社会、生态综合效益得到了充分体现。以秭归脐橙为主打产品的秭归柑橘以其独特的色、香、味、形赢得了广大消费者一致好评和大力推崇，声名鹊起，扬名四海，产品也因此畅销全国30个省、区、市，近100个大中城市，还远销到俄罗斯、新加坡等多个国家和地区。特别是优质晚熟脐橙——伦晚和红肉脐橙效益十分明显。2017年全县柑橘产业综合效益突破20亿元，全县脐橙年产值过亿元的村有3个，过5 000万元的村达到12个。同时，柑橘产业的发展壮大，还带动了房产、物流、包装、旅游等产业快速发展，推动县域经济持续稳定增长。

种植园远景　　　　　　　　　　　　结果状

湖北省秭归县种子管理站　谭春柳　张斌

（六）玉米耐渍种质'竹山白马牙'

2015年"第三次全国农作物种质资源调查与收集行动"中竹山县种子局收集到的玉米地方种质'白马牙'，于2016年在湖北省农业科学院进行繁殖鉴定。

2016年，湖北从6月18日正式进入梅雨季节，连续发生四次强降水；其中6月30日20时至7月6日10时，已累计降水560.5mm，为武汉有气象记录以来周持续性降水量最大值。7月2日试验地开始积水，粮食作物研究所组织各课题组进行排涝。由于连续下雨，7月5日一场特大暴雨后，试验地附近的巡司河河水暴涨，城市严重内涝，试验地边的围墙倒塌，雨水涌进试验地，试验地淹水1m多深，为确保长江沿线及武汉市安全，湖北省及武汉市防汛指挥部要求试验基地不能往长江抽水排涝，而试验基地周边居民区又不断向南湖抽水增加了南湖注水压力，湖北省农业科学院试验基地237亩鉴定评价试验田地受水淹26d，至淹水1周后，试验材料基本死亡，试验已无可挽救。

鉴于我国南方洪涝灾害频发，对玉米生产损失很大，玉米课题组于7月13日，蹚水到试验地里寻找耐渍植株，以期挖掘耐渍基因，为创新耐渍种质、提高玉米产量作储备。经过现场查看，发现由竹山县种子局收集的玉米地方种质'白马牙'叶片仍为绿色，生命力强，7月22日试验地积水排完，28日到试验地收获该材料，脱粒后籽粒发芽率为94%。表明该种质具有很强的耐渍性，对于提高玉米品种的耐渍抗涝水平有十分重要的意义。

2018年春开始在湖北省农业科学院粮食作物研究所试验地开展人工鉴定，确认其耐渍性强，对其进行单倍体诱导纯合，并以B73为轮回亲本构建回交导入系，着手克隆耐渍基因。

渍害是热带、亚热带地区影响玉米生产和产量较为严重的非生物逆境。尤其在东南亚，25%的玉米种植地区受季节性降水形成的涝渍的影响，平均每年造成玉米减产15%左右。中国南方玉米带在正常的栽培季节中，苗期易遭低温春雨，花期常遇持久梅雨，在排灌系统不良及地下水位高的土壤环境中，玉米根系长期处于低氧状态，渍害严重制约了南方玉米稳产、高产和种植面积的扩大；因渍害导致大面积的玉米减产30%左右。而且随着全球气候的变化，渍害在世界范围内呈现蔓延的趋势，而且逐渐成为影响作物生产最重要的逆境胁迫因子。因此挖掘和有效利用耐渍基因、创制耐渍玉米新种质、培育耐渍新品种是减少玉米产业损失，提高单位面积产量，扩大玉米种植面积是较为经济有效的途径。

白马牙果穗

水淹后幸存的白马牙玉米

耐渍试验

湖北省农业科学院粮食作物研究所　黄益勤　张士龙

三、人物事迹篇

（一）种质资源的追梦者——徐育海

徐育海研究员是湖北省农业科学院果树茶叶研究所一名果树科研工作者。在他35年的科研工作中，主持或参加各级项目30余项，获得国家技术发明奖1项，省部级科技进步奖3项，选育出国家或省级果树新品种6个。然而，最令他自豪的是两次参加国家作物种质资源考察与收集行动，个中艰辛和成就虽平凡而又伟大，他常对人说"实现我国果树种质资源科研的跨越发展"一直是他的"梦想"。特别是这次参加"第三次全国农作物种质资源普查与收集行动"湖北队工作，他任劳任怨，不畏艰苦，作风严谨，调查深入细致，传帮带作用明显。据统计，在3年的工作中，他调查了11个县市、58个乡镇、110个村，跋山涉水野外工作165d，收集果树资源228份，其中古老野生资源16份、优异地方资源30份，对整个农作物种质资源普查与收集专题任务的完成做出了重要的贡献。

1.扎根在种质资源科技最前线的专家

2015年湖北省农业科学院启动"第三次全国农作物种质资源普查与收集行动"湖北省的工作，徐育海同志主动请示领导要求参加这次行动，他表示他30多年前参加过第二次国家作物种质资源考察与收集，自己经验丰富，学科知识面广，能很好地发挥传帮带作用，有利于完成专题任务。尽管领导考虑到他年龄偏大，担心他长时间野外工作身体受不了，但见他态度诚恳、期望殷切和调查工作的实际需要，还是接受了他的请求。

2015—2017年，徐育海同志全程参加了种质资源的野外调查与收集工作，同年轻的同事一样，不怕日晒夜露，风吹雨淋，跋山涉水地走访、调查与收集资源，在调查队中起到了很好的带头作用。

2.工作扎实，资源调查深入细致，资源收集精准

在3年的工作中，徐育海同志与调查队一分队同志一道调查了湖北省的11个县市58

个乡镇110个村，收集到符合要求的果树资源228份，拍摄照片1 500余幅，出色地完成了调查收集任务。

在资源调查和收集过程中，他发挥自己经验丰富、知识博学的特长，与地方的干部和群众紧密联系，精心选择调查区域，仔细询问有关情况；工作中，他对年轻同志要求严格，同时又以身作则、言传身教；他对每份资源都进行了详细的调查和记载，留下了大量的数据记录和厚厚的四本工作日志。他还与部分资源的拥有者保持着长期联系，不断完善信息录入，尤其重视记录果树资源的特性。有时为了一份资源甘愿花很大的精力和很长的时间，如调查阳新县的一份杨梅地方资源，他与调查队一同冒雨走了10多千米的山路，为数据的准确性而测量了9个单株，花了6个多小时才完成调查任务。又如，在咸丰县收集到一份特大果的猕猴桃资源，他将此单株的生物学性状和果实经济性状进行全面的调查记载后，又将果实进行实验室营养分析，并将此单株枝条引到武汉猕猴桃资源圃中高接，进行鉴定评价。他这种科学细致、锲而不舍、精益求精的工作精神为年轻的资源科技工作者树立了榜样。

3. 吃苦耐劳，一心扑在工作上

作为一名作物种质资源科技工作者，在野外开展调查与收集工作，需要克服风吹雨淋、严寒酷暑和山高路险的困难，以及蚊、虫、蜂叮咬伤的危险。白天调查、收集资源样品，晚上还要测量、整理，非常辛苦。虽然如此，但他从来没有一句怨言，工作认真负责，得到了各级领导的一致好评。

徐育海同志热爱种质资源科技事业，无私奉献，一心一意扑在工作上。令人感动的事件之一是2015年在咸丰县进行调查期间，他突然接到浠水县老家传来的噩耗——他88岁的老母亲病逝了！他连夜赶回浠水与兄长一起安葬好母亲，仅3d后他就忍着悲痛回到咸丰继续进行他的果树调查与收集工作，唯恐工作方面出现漏缺和遗憾。正是他这种热爱事业、认真负责的精神，激励着大家努力完成工作目标任务。

湖北省农业科学院果树茶叶研究所　田瑞

（二）大山深处稀有稻种保护人——汪承武

汪承武出生于丹江口市盐池河镇黄草坡村，是丹江口市最偏远的村落，与房县交界，海拔800～1 400m，山高气候寒。由于家庭经济困难，他很早就辍学回家务农。起早贪黑忙一年，收些粮食可还是解决不了一家人的温饱。穷则思变，1996年，在朋友的带动下，他和朋友们一起做起了小生意，通过几年的拼搏，有了一定的经济基础和阅历后，汪承武离开了老家，在外做起了木材生意。

2005年春，有个朋友请他帮忙买老家出产的一种米，他们称之为冷水红米。当他回家去买时，因为大部分的劳力或外出打工，或迁居到集镇，原有的田地抛荒很多年了，难以找到这种米。经过多方打听，在房县水天坪一农户家中翻出2002年收割的冷水红米水稻，仅仅50多千克。当时，他买回来20kg，当年种进田里，因稻种过于陈旧，出芽率很低，下的秧只栽了两分（1分≈66.7m²）水田。

到2005年秋天，共收获20kg冷水红稻谷。在这个过程中，汪承武发现很多有特色的地方资源正在减少或消失，他看在眼里急在心上。他开始收集当地的一些稀有资源，每收集一个品种便种一小块。通过努力，他共收集了十几个品种，形成了小规模的保护种植。

2011年秋天，镇党委书记杨明建议汪承武带上几斤稻种一起到十堰市农业局请专家和领导看看，是否可以申报项目。十堰市农业局热情地接待了他们，留下了稻种在郧县（现郧阳区）鲍峡试种，获得成功。并且，专家明确表示这种米就是历史上大名鼎鼎的胭脂米（冷水红米）。2012年秋，房县万峪河乡党委宋书记和小坪村村干部一行专程来盐池河镇考察，也想种植。汪承武借给他们30kg稻种。通过几年鸡生蛋、蛋孵鸡的种植，"冷水红"名气大增。

2015年春，在镇政府大力支持下，汪承武把收集的稀有品种以无公害、无化肥、无农药的方式尽可能大规模地种植，投入资金改良30亩水田、60亩旱地，2015年秋获得丰收。汪承武为什么多年坚持保护胭脂米（冷水红米）物种呢？他是这样说的：物种资源养育了祖祖辈辈的高山人，有着悠久的历史，属于珍贵的文化物质遗产；胭脂米不需杂交，今年收的粮食继续做明年的种子，做成的米饭有老品种特有的味道；该品种的米有原始古老的特色，且它的营养成分及口感均非常优越，完全可以做成规模化的无公害种植基地，创出名优品牌。

当今，人们的饮食观念正在从数量温饱型向质量营养型转变。汪承武信心满满要把这些地方资源做大做强，建设集养生、休闲观光农业为一体的特色农业观光园，为社会提供健康食品，让古老的珍贵资源带动农民脱贫致富。

汪承武（左）察看冷水红稻谷　　　　　　冷水红米

湖北省丹江口市种子管理局　　汤清

（三）武汉水生蔬菜资源圃负责人——柯卫东

盛夏季节，当走进位于湖北省武汉市江夏区郑店街联合村的国家种质武汉水生蔬菜资源圃，你会立刻被这里"映日荷花别样红"的美景所吸引。这里不仅是世界莲种质资源的荟萃之地，也是茭白、芋、菱、荸荠、慈姑、水芹、芡实、豆瓣菜、蕹菜、莼菜、蒲菜等11类水生蔬菜种质资源的保存之所。20世纪80年代创建的国家种质武汉水生蔬菜资源圃，新圃占地面积800余亩，收集保存12种水生蔬菜种质资源2 000余份，已成为当今世界上最大的水生蔬菜种质基因库。赞赏之余，你可曾注意到一个头戴草帽、卷着裤管、皮肤被晒得黝黑、正埋头田间凝神工作的老者，或观察记载，或杂交套袋，乍一看，你还以为是一个地道的农民，但一问熟悉他的人便知，他可是这里的主人——国家种质武汉水生蔬菜资源圃负责人、我国水生蔬菜资源与育种专家、第四届全国杰出专业技术人才柯卫东研究员。自1984年从华中农学院（现为华中农业大学）毕业之后，他就来到武汉市农业科学院蔬菜研究所从事水生蔬菜种质的收集保护工作，已经为我国水生蔬菜种质资源的保护与发掘创新工作奋斗了30多个春秋。

1. 苦心孤诣，建设水生蔬菜种质王国

种质资源是一个国家农业发展的基础，一个国家育种水平的高低和所育出品种的优劣在很大程度上取决于资源的种类和占有量。尽管水生蔬菜种质资源大部分源于我国，且我国水生蔬菜栽培的面积也居世界首位，但我国水生蔬菜种质资源却长期处于自生自灭状态，随着新品种的推广等诸多原因，许多优良的农家品种资源面临着被替代的局面，部分资源濒临消失。因此，建立国家水生蔬菜种质资源圃，系统收集保存水生蔬菜种质资源，就显得十分必要和迫切。作为国家种质武汉水生蔬菜资源圃的主要奠基人和开拓者之一，自20世纪80年代初开始，柯卫东便开始深入全国20多个省市及东南亚一带，广泛收集水生蔬菜种质资源。收集资源是个辛苦活儿，每收集一份资源都要付出艰辛的劳动。2012年他带领团队成员曾经到湖南省宜章县莽山收集莼菜资源，找了一下午也没找到。第二天一大早，连早饭也顾不上吃就出发了。在当地向导的带领下，他们徒步在山林中搜寻3个多小时，终于找到了野生莼菜资源。大家都感到十分欣慰，忘记了饥饿和辛劳。30多年来，他的足迹遍及全国各地及世界上有水生蔬菜分布的主要国家，至今已收集和保存水生蔬菜资源2 000多份，1990年由农业部正式挂牌成立国家种质武汉水生蔬菜资源圃。目前，该资源圃已成为世界上保存种类、生态型和类型最丰富的水生蔬菜资源圃，为我国水生蔬菜基础性科研、教学及生产提供了重要的物质基础。

工作中的柯卫东

针对水生蔬菜不同物种、不同生态型、不同类型种质资源的生物学习性、生态习性、群体遗传结构等特点，柯卫东带领团队成员开展了多年的水生蔬菜种质保存方法探索研究，不断积累经验，提出不同作物田间保存的群体大小、保存设施的空间大小等技术参数，建立了12类水生蔬菜种质资源繁殖更新技术规程，解决了热带地区和温带地区种质资源在保存过程中难以越冬或越夏、亚热带种质资源保存中易出现生物学混杂等问题，保障了水生蔬菜种质资源的遗传完整性、稳定性和生活力。

2. 种质创制与育种硕果累累

水生蔬菜大部分为无性繁殖作物，只有莲藕等较容易采用杂交等有性育种技术，而芋、荸荠、慈姑、水芹等作物主要依赖自然变异进行种质创制和新品种选育，种质创制困难，品种更新速度慢，严重影响种质创制和育种进程。针对水生蔬菜种质创制和育种中的技术瓶颈，柯卫东带领科研团队开展了多年的科技攻关，通过对芋、水芹、荸荠、慈姑、菱等水生蔬菜传粉生物学和种子生物学进行研究，掌握了这些作物的开花结籽习性和雌蕊可授性的关键时间节点，研究了诱导开花、父母本花期相遇及人工杂交技术；通过对不同作物种子休眠机制的研究，掌握了破除种子休眠和提高种子发芽率的方法，使种子发芽率由1%提高到70%以上。这些水生蔬菜种质创制及育种方法的创新，打破了我国在这些水生蔬菜种质创制和育种技术方面长期停滞不前的局面，填补了国内外研究空白，研究成果获国家发明专利2项。

通过人工杂交、物理或化学诱变，柯卫东及其科研团队创制优异种质20余份，主要包括入泥浅莲藕种质、结藕早莲藕种质、生育期长莲种质、籽粒重莲种质、脐平荸荠种质、抗秆枯病荸荠种质、果皮薄菱种质、高花青苷和高淀粉芋种质等。同时，利用发掘创新的优异种质资源和核心亲本，选育莲藕、子莲等水生蔬菜新品种10余个，取得农业部新品种保护权5个。新品种产量比传统品种提高30%～50%，新品种产区覆盖率达85%以上，成为国内莲藕的主栽品种。其中，鄂莲9号、鄂子莲1号分别是目前我国莲藕和子莲中产量最高的品种。近10年，新品种累计推广5 000万亩以上，创产值2 000亿元，新增社会经济效益250亿元以上。相关研究成果荣获国家科技进步奖二等奖、农业部科技进步奖三等奖、神农中华农业科技奖二等奖等，为我国莲藕等水生蔬菜产业的发展做出重要贡献，柯卫东本人也因在我国水生蔬菜种质保护与利用方面的突出贡献，继担任农业部行业计划及"十二五"国家科技支撑计划水生蔬菜首席科学家之后，又成为农业部"十三五"国家特色蔬菜产业技术体系莲藕品种改良岗位科学家，荣获第四届全国杰出专业技术人才、全国优秀科技工作者、湖北省五一劳动奖章等光荣称号。

武汉市农业科学院　黄新芳

四、经验总结篇

（一）湖北省坚持保护和利用相结合，服务种业和精准扶贫

湖北省在第三次全国农作物种质资源普查与收集行动中，始终坚持将保护和利用相结合，充分发挥自身优势，深度挖掘种质资源潜力，在服务种业创新、农业供给侧结构性改革和精准扶贫等方面做出了应有的贡献。

推进种质资源共享融合，种业创新能力显著增强。湖北省以湖北省农业科学院为技术依托，构建了湖北省农业种质资源共享平台，广泛收集、评价国内外种质资源；充分发挥武汉大学、华中农业大学、武汉市农业科学院等科研院所的科技优势，强化科企合作，积极推进种质资源共享及创新利用，夯实了科技创新基础，育种新成果不断涌现。通过引进、融合抗稻瘟病种质资源育成的水稻品种'E两优476'，实现了湖北省水稻抗病性品种的重大突破；玉米品种'汉单777'兼具温带资源的早熟性和热带资源的抗逆性，成为湖北省自主选育的第一个夏玉米品种。此外，湖北省在直播稻、早熟马铃薯、早熟油菜品种选育方面也实现了新的突破，品种类型进一步丰富，为服务农业供给侧结构性改革发挥了支撑和引领作用。

深挖地方种质资源潜力，服务农业供给侧结构性改革初见成效。一是评价、筛选了具有开发利用潜力的特色地方种质资源13份，为产业化发展提供关键技术支持。如玉米资源南庄白苞谷膨爆性好，适于炸爆米花；迷你冬瓜商品性好、耐储运；李庙白茶茶叶尖端满披白毫，是开发白茶的重要资源等。目前各地正积极行动，依托特色资源制定产业规划，组织合作社、加工企业进行产业化开发。二是广泛收集保护已经形成特色产品的地方优势种质资源，深挖资源潜力，加快产业化发展。收集保护秭归地方柑橘品种桃叶橙，进行品质、丰产性、适应性鉴定和DUS测试，并联合当地农业部门共同推动产业发展。近年来，秭归县利用这一品牌建立精品桃叶橙旅游观光休闲园区，种植面积从几十亩发展到3 000多亩，产值增加4 000万元以上。对蕲春地方水稻品种水葡萄的品质、稻瘟病抗性、耐贫瘠性、抗倒性进行科学鉴定；对房县地方水稻品种冷水红的品质、生长环境进行全面评估。这些优势资源收集保护、科学鉴定及开发利用，为增加优质农产品供给及促进农业增效、农民增收奠定了坚实的基础。

充分发挥自身优势，助力精准脱贫。一是为精准脱贫和县域地方乡村建设提出地方特色资源利用建议12项。红安珍珠花菜是生长于红安县山区的一种野菜，兼有食用和降脂功效，属地方特色资源，开发潜力大。为此，我们向红安县提出了珍珠花菜产业化扶贫建议。目前，红安县年产干菜超过10 000kg，产业化已初具规模，并融合当地红色旅游产业，带动山区农民脱贫成效显著。此外，我们还建议广水市农业局在美丽乡村建设中，挖掘好柿树文化，讲好柿树故事。二是积极参与湖北省农业"人千村"行动。协助蕲春县青石镇开展水葡萄、优质大米生产开发；指导黄梅县杉木乡安乐村优质稻生产；利用食用豆资源多样性，参与神农架生态农业建设与扶贫。

湖北省种子管理局　唐道廷

（二）竹山县种质资源普查与征集进展

竹山县，古称"上庸县"，隶属湖北省十堰市，位于湖北西北秦巴山区腹地，地势由南向北倾斜，属北亚热带季风气候，四季分明，年平均气温15.5℃，年降水量926mm，日照充足、热量丰富、雨量充沛，给各种动植物繁育创造了得天独厚的优越环境，自然资源十分丰富。农作物种质资源是保障国家粮食安全、生物产业发展和生态文明建设的关键性战略资源。此次行动为科学保护和保存物种、开发与合理利用种质资源奠定基础，也为种质资源工作持续发展提供动力。在普查项目办公室的指导下，竹山县农业局承担并开展了"第三次全国农作物种质资源普查与收集行动"工作，取得了较好的成效，现将相关做法和取得的成效进行总结。

1.普查概况

"第三次全国农作物种质资源普查与收集行动"是继1981年第二次种质资源普查后又一次重大的种质资源普查行动。2015年竹山县被列为此次行动的普查县。为全面掌握本县稀有、珍贵、濒临灭绝的种质资源现状，确保种质资源普查工作圆满完成，领导高度重视、精心组织，同事不辞劳苦、深耕渠道，通过努力，到目前已基本完成了普查任务，掌握了本县农作物种质资源的种类、数量、规模、分布等情况，最终征集到古老、珍稀、具有地方特色的品种22个，其中粮食作物品种13个（水稻品种1个、玉米品种6个、麦类品种2个、豆类品种4个），蔬菜品种4个，油料作物品种3个，果树品种2个，样品已寄送湖北省农业科学院保存，普查资料已按照要求提交。

2.工作举措

（1）领导重视，组织得力。种质资源普查与征集工作涉及面广、技术难度大、质量要求高、工作任务重，为保障普查工作圆满完成，竹山县种子管理局领导高度重视，迅速召开动员大会并成立竹山县农作物种质资源普查与征集行动领导小组，以局长为组长，总农艺师、副局长为副组长，局属二级单位负责人及9个普查重点乡镇农技中心主任为成员。

（2）制定方案，确保落实。制定了竹山县种质资源普查实施方案，并将开展种质资源普查活动通知到各乡镇农技中心，制定了具体任务，同时指定专人负责资料的收集和整理，确保不漏掉稀有、珍贵、濒临灭绝的物种。

（3）查阅资料，明确目标。通过查阅竹山县县志、竹山县农业志等多种资料，详细掌握了本县的地理环境、生态环境、历史沿革、人口分布、土地状况、教育情况、农业生产和生活状况，认真填写了"第三次全国农作物种质资源普查与收集行动"普查表。同时通过查阅资料，摸清全县农作物种质资源（包括珍贵、稀有、濒危品种）的种类、地理分布、群体信息、生长情况等，为种质资源的收集、保存和利用奠定了坚实的基础。

（4）加大培训，组建队伍。组织参与普查工作的人员进行全面培训，确保普查人员熟练操作，将普查人员分为2组，配备必要的普查用具，并在9个重点乡镇农技中心分别抽调1~2名熟悉当地情况和种质资源普查业务的技术人员，组成专业普查队，负责本区域的种质资源普查征集工作。

（5）积极发动，强化宣传。通过新闻媒体、微信平台等多种渠道，做好种质资源普查宣传工作，形成全民关注种质资源保护、支持种质资源调查的良好氛围。

3. 取得成效

通过资源的普查与征集，提高了对农作物种质资源重要性的认识。由于农业生产周期长，见效慢，人们往往对良种选育缺乏必要的认识，但此次种质资源普查与征集工作的开展，是对广大群众一次深入宣传教育的过程，进一步提高了人们对保护资源的认识，增强了保护资源的自觉性，有利于古老、稀有种质资源的保护和保存。

通过此次工作的开展，了解了竹山县农业事业的发展潜力，摸清了竹山县稀有、珍贵种质资源情况，并使竹山县古老、珍贵、稀有品种得到及时的征集保护，为种质资源的保存、开发、利用奠定基础，也可供进一步的培育和繁殖利用。

4. 主要经验

（1）领导重视是关键。湖北省农业厅、湖北省种子管理局对普查工作大力支持，在全省会议上强调了种质资源普查的重要性和必要性，并在资金上予以支持，积极落实到位，极大地推动和促进了普查工作的顺利开展。

竹山县农业局局长、竹山县种子管理局局长也对普查工作给予了高度重视，多次召开专门会议，具体安排部署，在人力、物力、财力等方面都给予了大力支持和配合，使普查与征集工作圆满完成。

（2）队伍组建是根本。农作物种质资源普查涉及面广，专业技术强，作业条件艰苦，也就要求普查队员的自身素质高。在选择队员、组建队伍时，要求队员业务能力强，思想觉悟高，在普查工作中，队员们经常起早贪黑、跋山涉水，不论天晴下雨，始终如一的完成普查任务，通过此次资源的普查与征集工作锻炼出一支过硬的队伍。

（3）部门联动是基础。由于普查工作难度大、任务重，普查小组在各乡镇农技中心的配合和引领下找到了不少珍贵、稀有的种质资源，为种质资源普查与征集工作的圆满完成打下了坚实的基础。

收集的部分资源

湖北省竹山县种子管理局　王恭平　杜文博

（三）神农架林区农作物种质资源普查与征集工作做法

按照湖北省种子管理局关于开展"湖北省农作物种质资源普查与收集行动"的通知要求，结合实际，神农架林区农业局认真组织开展了农作物种质资源普查与征集工作，现将具体工作总结如下。

1. 加强领导，成立普查与征集工作领导小组和工作专班

为确保第三次全国农作物种质资源普查与收集工作的顺利实施，神农架林区农业农村局党组召开专题工作会议进行安排部署，成立普查与征集领导小组，由局长任组长，分管领导为副组长，局直相关科室为成员的领导小组，并抽调精干技术力量组成普查与征集工作专班。领导小组下设办公室，负责全面指挥、协调、监督工作。

2. 制定普查与征集工作实施方案

按照湖北省统一部署和要求，结合神农架林区实际，细化便于操作的实施方案，分步实施工作任务。明确重点工作内容，要求查询历史档案，走访老农户和老村支书，争取征集到更多特异宝贵的种质资源。

3. 农作物种子资源普查与征集工作的主要做法和取得的成效

神农架林区农业局严格按照农作物种质资源普查的规程和技术要求开展神农架林区种质资源的普查与征集工作，普查的范围是全区3乡5镇67个行政村，对分布广和有价值的特异资源进行了全面调查走访和系统征集。普查与征集工作采取以目标倒逼进度、以时间倒逼程序、以督导倒逼责任的办法和措施，组织开展了普查和征集前的培训工作；在普查过程中，主要采取从统计、档案、农业、林业、区划、县志、民宗等多个部门查阅了大量有关资料，为普查的前期工作奠定了基础；严格技术要求，组织专业技术员、老领导、离退休干部、老农民和村支书召开座谈会，对每个有价值的品种进行探讨和鉴别，做到有的放矢、避免打乱仗、跑空路，严把普查与征集品种的质量关。确保在规定时间内完成普查与征集工作任务，并且将普查与征集的数据按要求录入数据库，完成了1956年、1981年、2014年神农架林区"'第三次全国农作物种质资源普查与收集行动'普查表"的数据录入，普查表的数据录入已经省局审核通过。在普查的过程中，征集种质资源品种20个，按要求将20个征集品种的信息录入征集数据库，同时将征集照片和征集表资料报湖北省农业科学院审核通过，符合收集种质资源征集的技术要求，征集的品种已经全部邮寄湖北省农业科学院，在规定时间内完成了神农架林区"第三次全国农作物种质资源普查与收集行动"表格填写和种质资源征集任务。2018年9月中旬湖北调查队进驻神农架林区开展种质资源调查，历时15d对全区3乡5镇67个行政村的特异资源进行了全面调查走访和系统收集，共收集各类种质资源492份，其中粮食作物217份、蔬菜211份、果树53份、经济作物10份、牧草1份。

露水白黄豆

神农架核桃

本地茄子

四六蒜

野生棠梨子

4. 加强专项资金的管理，确保专款专用

为了确保神农架林区农作物种质资源普查与征集工作的财力，神农架林区农业局成立了资金使用审核领导小组，严格按资金管理办法，明确经费使用范围、支付方式等，严格执行专款专用，杜绝了挪用专项资金的现象。

5. 农作物种质资源普查与征集工作存在的问题与建议

由于普查与征集工作的时间短、任务重，技术不够规范。很多有价值的特异种质资源没有征集到位。以后我们将与省级科研院校建立合作关系，在平时工作中遇到有价值的种质资源收集后，送他们鉴定，确保有价值的种质资源征集到位，以防止资源流失。

湖北省神农架林区农业农村局　康钧　朱绪义

（四）充分发挥媒体宣传优势，促进资源调查工作顺利开展

湖北省钟祥市利用电视、广播、报纸等传统媒体以及网络等现代媒体广泛宣传"第三次全国农作物种质资源普查与收集行动"工作，效果明显。

2016年11月13日，"第三次全国农作物种质资源普查与收集行动"第一系统调查队如期入驻钟祥市开展工作。根据工作计划和要求，调查队将在钟祥挑选种质资源丰富的3个乡镇、9个行政村展开为期12d的调查工作，目标是广泛收集当地各类农作物野生资源、地方品种及特色资源共120份左右。

令调查队员感到意外的是，每到一个调查点都受到了当地群众的热烈欢迎。农户们不仅知道第三次全国农作物种质资源系统调查工作正在全国各地开展，而且也做好了配合资源调查的准备工作。

据钟祥市九里乡李家台村二组村民彭月花介绍，她最先是从本地电视台上看到调查队进驻钟祥市的消息，并且把这个消息告诉年近91岁高龄的奶奶。奶奶听到这个消息后有点兴奋，嘀咕说这是一件好事，并且花几天时间找出了自己留种的全部老品种，等待调查队的到访。钟祥市客店镇南庄村一组农户骆秀兰介绍说，作为农作物资源和特色品种的关注者，她一直都比较关注这方面的消息。她首先是听到了调查队进驻钟祥的广

播消息，然后又看到了钟祥日报的有关报道。她认为这是一件功在当代、利在千秋的大事。随着商业品种推广的力度不断加大以及乡村城镇化建设的迅速推进，当地特色农作物资源正在迅速消失。这次普查和系统调查虽略显晚了一点，但将在很大程度上抢救性收集一大批农作物资源。

调查队队长张再君研究员介绍，在当地干部群众的积极支持下，调查工作进行到第5d，就已经收集到资源125份，完成目标的时间比原计划整整提前一个星期。他认为，在钟祥的收集工作之所以这么顺利和迅速，与当地政府充分利用媒体发动群众是分不开的。据悉，调查队利用8d时间全部完成在钟祥市的调查收集工作，在当地共收集到合乎要求的农作物资源163份，超额35%完成任务。

钟祥市作为湖北省的普查县市之一，在前期的工作上，充分发挥了宣传的优势，让群众做到"我知晓，我支持，我参与"，是普查工作做得较好的县市之一。

湖北省农业科学院粮食作物研究所　张士龙

（五）监利县农作物种质资源普查与收集行动取得良好进展

监利县位于美丽富饶的江汉平原腹地，东襟洪湖，西接荆沙，南枕长江，北依汉水支流东荆河，总面积3 460km²，耕地面积206.5万亩，主要农作物是粮、棉、油，总人口158.39万人，其中农业人口116.18万人，是农业大县。监利地处中纬度地区，属亚热带季风气候区，雨量充沛，雨热同期，热量丰富，日照充足，无霜期长，寒暑分明，有利于各种植物生长。8月上旬，监利县农业局、种子管理局接到中国农业科学院作物科学研究所通知后，选派县种子管理局李炎木、宋相翠参加了于2015年8月28—29日在武汉召开的湖北省"第三次全国农作物种质资源普查与收集行动"培训会。会后，监利县农业局领导高度重视，认真研究和布置了此次农作物种质资源普查与收集工作。

1. 局长挂帅，加强领导

2015年9月21日，监利县农业局下发文件，成立了监利县农作物种质资源普查与收集行动领导小组，由监利县农业局局长李家模任组长，局党委委员、工会主席刘兵任副组长。成员有县农业局各科室和县种子管理局负责人。

2. 安排骨干，带队普查

2015年9月22日，监利县种子管理局组织业务骨干人员组成工作专班。此次工作专班由监利县种子管理局负责人蔡立阳任组长，副局长、高级农艺师李炎木和支部副书记、农艺师李华标任副组长，分别带一个工作小组开展普查与收集工作。

3. 因地制宜，制订方案

2015年9月22日，监利县种子管理局通过认真讨论研究，制订了《监利县第三次全国农作物种质资源普查与收集行动实施方案》，为整个工作提供了有力的支撑。

4.抓好培训，掌握方法

2015年9月23日，监利县农业局召开了"监利县第三次农作物种质资源普查与收集行动培训会"，参加会议的有行动领导小组成员、工作专班成员和各乡镇农业技术推广中心负责人。会上，监利县农业局党委委员刘兵同志传达了全省农作物种质资源普查与收集工作会议精神，宣读了监利县农业局文件（监农业字〔2015〕39号）《监利县农业局关于成立监利县农作物种质资源普查与收集行动领导小组的通知》，监利县种子管理局副局长、高级农艺师李炎木授课并讲解《监利县第三次全国农作物种质资源普查与收集行动实施方案》，监利县农业局局长李家模做工作动员和会议总结。

5.多种形式，大力宣传

2015年9月23日全县农作物种质资源培训及动员会后，做了以下宣传工作：一是在监利县电视台《田园风》栏目做了两期专题节目进行宣传；二是在县城和各乡镇拉宣传条幅70条；三是在县农业局主办的村村屏上滚动播放，进行宣传。

荒湖管理区宣传条幅

6.查阅走访，抓好普查

专班工作人员在国庆节前，分别拜访了监利县统计局、县志办、县农业局档案室以及各乡镇档案处，走访了部分农村工作老干部、老同志和老农业技术人员。为查找1956年全县种植的地方品种和培育品种相关资料，先后到千里之外的深圳及武汉、荆州等地找原在监利县朱河农技站工作现已77岁的朱同顺老同志、原在白螺镇农技站工作年近80岁的许邦才老同志、原在监利县农业局工作现已76岁的李泽友老同志等老一辈农业战线工作者，查明了当年在本县种植的水稻（早稻、中稻、晚稻）、小麦、大麦、大豆、油菜、花生、甘薯、棉花等农作物品种数量、名称和种植面积。按时高标准、高质量、严要求填报本县农作物种质资源普查表。

7.不辞劳苦，收集资源

监利县属平原地区，种质资源极少。一是由于人为开垦，荒地极少，加上农田大量使用除草剂，野生植物生存空间狭小，只有在堤坡、沟埂、湖泊才有极少数的野生近缘植物生存。二是由于追求高产优质品种，古老、珍稀农作物地方品种绝大部分被培育品种所取代，从而加大了收集种质资源的难度。为了收集特有、名优的地方品种和野生近缘植物，工作人员把调查收集的重点放在临湖、临江、临河的棋盘乡、新沟镇、大垸管理区、白螺镇等偏远偏僻的地方，为了寻找种质资源，大家晒黑了，变瘦了，手划破了，鞋也磨坏了，但同志们不怕吃苦，毫无怨言。通过近一个月的调查和收集，监利县收集了17份珍贵的种质资源，对每一份种质资源都进行了GPS定位、编号、拍照、摄像和样品采集整理，整体工作取得良好进展。

2015年10月13日，我们到棋盘乡与陈芹芳同志赶赴高潮村湖泊，驾木船在湖泊中寻找了近2个小时，找到了野莲藕。野莲藕全身是宝，其叶片可以作茶用，莲须是贵重中药材，莲米和莲藕是美味菜肴。2015年10月23日，我们到大垸管理区与郑文廉同志前往目标村落，苦苦寻找1个多小时后在一个荒堤坡发现了野生大豆，野生大豆在监利县分布面积很少，散生，由于除草剂的大量使用以致濒临灭绝，需要保护。野大豆具有优质、抗病虫害等特性，生命力极强，其食用营养价值高。同日，在农户汪鹏家里收集到泗水糯。该品种属本县珍稀特有的地方糯谷品种，原属湖区深水野生糯稻，不怕水淹，可随水位升高而长高，现只有几个农户极小面积种植。由于其糯性好品质优，一直延续至今，一般只供农户家用。

野莲藕

野大豆

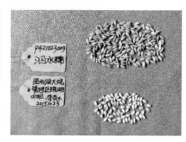
泗水糯

湖北省监利县种子管理局　李炎木　李华标　宋相翠

（六）阳新县"第三次全国农作物种质资源普查与收集行动"工作进展

阳新县"第三次全国农作物种质资源普查与收集行动"已经全部结束。在这次行动中我们既单独进行了普查，又与湖北省农业科学院联合进行了一次系统调查。通过这次行动，我们发现阳新县有许多优异的种质资源在民间未被开发利用，同时又有一批默默无闻的种质资源传承者在保护着这些资源，不让它们销声匿迹。现将阳新县种质资源普查与收集行动的一些成果、具体做法与经验介绍如下。

1.阳新优异种质资源介绍

在这次种质资源普查中，阳新县一共收集地方品种38个。有的品种种植面积非常小，濒临灭种，需要加以保护。如洋港镇田畈村的'白米豆''老蟹眼绿豆'，属豆类特有资源，具有高产、优质等特点。洋港镇车梁村的'秤砣结白芝麻'、龙港镇大力村的'圣告结白芝麻'，属芝麻类地方资源，具有高产、优质等特点。黄颡口镇葛湖村方家湾的'窄叶野豌豆''马兰'，属蔬菜类特有资源，具有优质、耐旱、抗病等特点。

有的品种特性优异，具有很好的开发利用前景，对阳新县精准脱贫和乡村产业振兴等方面具有潜在的利用价值。如枫林镇月朗村陈家组的'鸡眼豆'，属豆类稀有资源，具有品质优、抗病性强等特点。黄双口镇凤凰村的'撑皮柑'、沙港村的'牛奶枣'、沙港村冯家湾的'石滚枣'、凤凰村凤凰山的'鸡心枣'和'酸枣'等，属特有水果资源，具有优质、高产等特点。龙港镇金竹尖茶场的'金竹茶叶'，属茶树地方品种，具有优质、抗病等特点。黄颡口镇葛湖村方家湾的'洋姜''苎麻'；洋港镇车梁村南堡湾的'短藤红皮红心薯''乌节薯''萝卜薯'等地方特有品种，具有优质、高产等特点。洋港镇车梁村南堡湾的'白壳糯'和'荞麦'、田畈村月山组的'大粒糯'、黄双口镇菖湖村方家湾的'晚糯105'等地方品种，具有优质、高产等特点。

2. 阳新县种质资源保护的先进人物和事迹

在"第三次全国农作物种质资源普查与收集行动"中，阳新县涌现了一批典型的先进人物和事迹。他们种植的品种中有的品种已非常稀少，需要加以保护；有的品种特性良好，具有开发价值；有的品种虽然年代久远，仍受老百姓喜爱。这些人算得上是阳新县农作物种质资源的保护者和传承人，虽然他们不一定明白种质资源保护的重要性，但他们仅凭着喜好，坚持长期种植下来，没有间断。正是这种执着，才保护着这些优异种质资源没有消失，有的还在逐步发展。

方学敏，阳新县黄双口镇菖湖村方家湾人，他家种植的'晚糯105'水稻品种，口感好，产量适中。虽然当地农业种植结构改变很大，种田面积越来越少，且种植'晚糯105'效益不高，许多农户已经改种优良杂交水稻品种，但他仍坚持每年种植'晚糯105' 1~2亩，保留着种子自给自足。

陈新满，阳新县枫林镇月朗村陈家人，他家种植的'鸡眼豆'，产量低，一般亩产只有50kg左右。在过去计划经济年代，蔬菜市场交易少，当地农户都种一些'鸡眼豆'作蔬菜食用，改换口味，种植面积还算比较多。后来，随着"打工潮"的发展，农村经济富裕起来了，许多年轻人都外出打工，家中只剩老人、妇女、儿童，种地积极性逐步减弱，又由于'鸡眼豆'产量低，费时费力，被许多农户放弃。而陈新满仍然坚持每年种植0.3~0.5亩，不让它绝种。

3. 优异种质资源在精准扶贫工作中的贡献

阳新县许多优异资源的开发利用前景很广，在人们的日常生产、生活中影响较大，在阳新县产业扶贫中起着积极作用。

'细叶绿苎麻'是阳新县一个当地苎麻老品种。该品种细绿叶，发兜快，分株多。麻株高大、粗壮、麻皮厚，产量高，亩产可达150kg。是阳新县精准扶贫主导产业苎麻发展10万亩的主要品种之一，很有发展前景。

'爱媛28'杂柑，是由华中农业大学和阳新县兴新杂柑专业合作社改良申报的柑橘品种。果实无籽或少籽，果肉橙黄色，口感好，产量高，6年树龄亩产3 000kg左右。近几年，作为全县产业扶贫项目之一，种植面积已扩展到1万多亩，为阳新产业扶贫起了推进作用。

"金竹尖茶叶"是阳新县龙港镇金竹菜场加工制作的茶叶，是当地很早以前引进的一个茶叶品种。价格适中，销路很广，带动了当地很多贫困户就业，为当地精准脱贫、产业扶贫起了良好的带头作用。

'鸡眼豆'，是一豆科品种，食味良好，近几年被阳新县许多餐饮企业开发成菜肴，口感好，深受食客喜爱。'鸡眼豆'价格也一路攀升，由原来的每千克几元钱迅速上升到每千克五六十元。现在'鸡眼豆'的种植面积在逐步扩大，有些种植户还将它发展为电商产品，为农民脱贫致富开辟了一条网络之路。

工作照

4. 经验总结

在这次"全国第三次种质资源普查与收集行动"中，迅速成立了以农业局局长、副局长、种子管理局局长为正副组长的"阳新县农作物种质资源普查与收集行动领导小组"专班，在省、县、镇、村等各级部门的关心与支持下，普查与收集工作开展顺利，成效颇丰。

积极宣传"第三次全国农作物种质资源普查与收集行动"的重要性。迅速召集县、镇、村相关人员进行知识普及和培训，及时联系各个镇、村资深人士了解各地的种植情况、种植习惯。

积极聘用参加过第二次全国种质资源普查与收集的老专家加入此次普查行动，新老结合，传承经验。

积极向县政府申请普查配套经费，也得到了县政府的大力支持，从经费上保证了普查的顺利进行。

湖北省阳新县种子管理局　陈新宝

（七）漫山遍野觅瑰宝

——大悟县开展第三次农作物种质资源普查与收集行动纪实

坐落在大别山脉西端的大悟县，位于鄂东北部，位于114°02′～114°35′E、31°18′～31°52′N，国土总面积1 985.71km²，属低山丘陵区和北亚热带季风性大陆气候。境内峰峦起伏，溪涧纵横，气候温和，雨量丰沛，日照充足，从而为生物多样性提供了得天独厚的自然条件。截至2014年年底，全县耕地面积55.02万亩，总人口63.47万人，其中农业人口53.59万人，种植业生产占农业总产值的比重为52.2%，属典型的农业大县，农作物种植历史悠久，种质资源丰富。因此是全国农作物种质资源普查与收集的对象。金秋时节，桂花飘香，"第三次全国农作物种质资源普查与收集行动"在大悟县井然有序地展开了。通过此次工作的亲身经历，本人感受颇深，体会多多。

1. 多措并举抓落实

工欲善其事，必先利其器。自"第三次全国农作物种质资源普查与收集行动"任务下达后，大悟县种子管理局即向大悟县农业局汇报，并达成一致意见，迅速采取如下措施，分头组织实施。

一是参加技术培训。2015年8月28—29日，选派了雷绍新、丁惠丽2人参加在武汉举办的省级培训班，主要学习内容是农作物种质资源普查与征集技术规程、数据采集与录入方法及项目管理方法，分别听取了"湖北省农作物种质资源概况"和"中国农作物种质资源保护与利用中长期发展规划（2015—2030）"授课，不仅武装了头脑，而且学到了方法，从而为农作物种质资源普查与收集提供了技术支撑。

二是成立领导小组。大悟县农业局以悟农〔2015〕38号文件形式成立了以局长张驰为组长、副局长陈锡明和种子管理局局长朱新洲为副组长、有关技术人员为成员的大悟县农作物种质资源普查与收集行动领导小组。实行组长统筹，副组长具体分管督促，成员分工协作，各负其责。

三是抓好摸底排查。采取"全面撒网，重点开花"策略。因黄从福从事种植业工作多年，且有一定的阅历经验，由其率先进行全县种质资源摸底，经走村入户、观察了解、虚心请教老农和经验丰富的农技人员及乡村干部，历时10d对全县现有种质资源进行了筛选，除去过去已普查与收集的种质资源外，初步查明有近百种资源，包括粮食、纤维、油料作物和特种蔬菜与野生食用植物及水果、中药材、本地特产等，分别归类，纳入普查与收集名单。目的在于有的放矢，不打乱仗，提高工作效率。

四是选用精兵强将。农作物种质资源普查与收集行动是一项战略性工作，关系到国家种业的前途和命运，不可小视。同时行动本身又很艰辛，经慎重考虑，小组成员得选经验丰富、年富力强、业务过硬的专业技术人员方可胜任。雷绍新——大悟县种子管理局副局长，从事种子管理工作长达20多年，又参加了省级农作物种质资源普查与收集行动专门培训，由他负责普查；丁惠丽——工作细致，吃苦耐劳，由她负责资料整理与录入；黄斌——抽调的技术人员，擅长仪器使用，由他进行GPS定位；朱新洲——大悟县调查队队长，工作经验丰富，责任心强，由他全权负责协调与管理调查队日常工作。

五是加强后勤保障。开展农作物种质资源普查与收集，需要必备的仪器和设备，关系重大，由种子管理局副局长柳志双完成；陈华成为抽调的技术干部，司职车辆运行和取样。从而确保了工作得心应手，出行有车，方便快捷。

2. 孜孜以求寻珍稀

目标锁定、任务明确之后，就是坚定不移地执行。明知山有虎，偏向虎山行。大悟素有"八山半水分半田"之称，山多路弯林密是其基本地理地貌特征。为了顺利完成农作物种质资源普查与收集工作，调查队上下一心，扭成一股绳，按照实施方案于2015年9月起正式启动。

第一项任务是填写1956年、1981年、2014年3个时间节点的基本情况普查表。由于历史变迁和社会发展诸多原因造成早期资料不全，怎么办？通过跑档案馆、上门找气象站和统计局，同时查《县志》，参阅大量文献资料等多种形式，尽管费力费心，但仍有"民族、经济"状况等栏目无法填入。可能与当时机构不健全、资料丢失等有关。本着宁缺毋滥、实事求是的原则，只能空着。接下来的任务是种质资源收集，这是真正意义上的实质性工作。按照规定，每县需要征集当地古老、珍稀、特有、名优的作物和野生近缘植物种质资源20～30份。由于已往对粮、棉、油、菜等大宗农作物种质资源征集在册，现有杂交物种又入基因库不在收录范围内，因此，更增加了此次征集的难度。众志成城，克难奋进。要顺利完成任务，唯一可行的办法就是走村入户问、深入田间地头寻、漫山遍野找，不留死角，消除盲点，一个字：搜！

功夫不负有心人。经过调查队全体人员近20d的共同努力，种质资源收集终于有所突破，既有数量，也有质量。名、特、优、稀种质资源基本齐全。为此，也付出了辛勤的汗水。最为感人的是2015年9月15日，为了调查本地茶，驱车赶往阳平镇虎岗村，因路陡林密，杂草丛生，队里多人被刺扎伤，没路大家就穿树林、钻草棵，有沟绕道行，实在难走砍去荆棘小心挪步，艰难地向目的地进发，好不容易找到了生长48年的本地茶树，并且拍了照（见下图），大家个个汗流浃背，口干舌燥，筋疲力尽。

阳平虎岗本地茶树

3.任重道远谋未来

普查与收集农作物种质资源是手段，保护和利用优良种质资源才是目的。至于保存和利用现有种质资源，则是一项庞大的系统工程，需要全国科研院所大力配合，潜心研究，反复试验选育比较更是旷日持久的工作。为确保此次农作物种质资源普查与收集行动取得实效，建议国家加快研究与开发利用步伐，同时切实采取行之有效的得力措施及时抢救濒危物种资源。

湖北省大悟县农业局　黄从福

湖南卷

一、优异资源篇

（一）茶陵古茶

种质名称：茶陵古茶。

学名：茶［*Camellia sinensis*（L.）O. Ktze.］。

采集地：湖南省茶陵县。

主要特征特性：该资源生长在海拔590m的悬崖乱石中。经现场测量，该树高约4m，胸径23cm左右。资源生长在岩壁这种贫瘠的环境中，山岩上日照时间短，气温变化不大，空气湿度大，石壁的土壤中含有丰富的矿物质，再加上终年有细小的甘泉由岩缝中滴落滋润，使得这两棵野生古茶树历千年不衰。

据当地林业部门介绍，该茶树树龄已有800多年。前些年由于周围群众的无度采摘和气候灾害影响，树干高1.6m左右处被人为砍断，后来当地村民自发组织对古茶树进行保护，目前新发枝条已郁郁葱葱。在该树周围，还密布生长着上百株大小不一的野生古茶树群，当地也对该茶树资源进行了原生境繁殖，形成了一个绵延几千米的茶树群落，以古茶树上叶片制作出的茶叶内含物丰富，品质优异。

千百年来，这里流传着炎帝在此种茶、采药的种种传说，茶祖文化在此得到世代流传。相传，炎帝就是在茶陵云阳山发现茶叶的。茶陵也是全国唯一以"茶"命名的

茶陵古茶树

县，茶文化历史悠久。《茶经》里提到，"茶陵者，陵谷间多生茶茗焉"。

利用价值：历史悠久的优质茶树资源，充分挖掘茶树资源的历史人文，结合资源本身品质的特质，利用前景与价值不可估量。

湖南省农业科学院　王同华

（二）壶瓶山天蒜

种质名称：壶瓶山天蒜。

学名：茖葱（*Allium victorialis* L.）。

采集地：湖南省石门县。

主要特征特性：该资源主要分布在海拔2 000m左右的阴湿灌木丛中。根据其形态学观察，初步认为该资源应该属于百合科葱属植物。目前在当地主要将该资源作为一种野生蔬菜食用，主要食用其嫩叶和幼茎部分，口味非常鲜美，当地百姓有天蒜口味胜于肉之说。

利用价值：特色野生蔬菜资源，具有开发潜力。

壶瓶山天蒜

湖南省农业科学院　贺爱国

（三）道县梨子

种质名称：道县梨子。

学名：梨（*Pyrus* sp.）。

采集地：湖南省道县。

主要特征特性：该资源主干粗壮，直径约100cm，树高达15m。据村民讲，这梨子不仅能当水果吃，还能治病。据说村里的大人、小孩拉肚子，吃一个这棵树上的梨子就会好。被誉为"能治病的梨子树"这棵树有着100多年的历史，树干空了，但还能生枝发芽，开花结果。调查时正值8月，未成熟的果子味道有点酸涩，而且肉质粗糙，不好吃。据村民讲，打霜后吃，味道不错，成熟梨子果实大的可达750g左右。

利用价值：可能具有药用价值，在育种方面有潜在价值。

调查队员在道县梨树下进行资源调查

湖南省农业科学院　　杨建国　　周佳民

（四）隆回穇子

种质名称：隆回穇子。

学名：穇［*Eleusine coracana*（L.）Gaertn.］。

采集地：湖南省隆回县。

主要特征特性：穇子，别名龙爪粟、龙爪稷、鸡爪粟、雁爪粟等，是一年生的草本植物。它生长在丘陵和山地，米粒饱满，质地粗硬。"没上过高山，不知道平地；没吃过穇子，不知道粗细。"这句当地俗语足可反映穇子的粗糙程度。现在人们在利用穇子做食物时，一般会掺入适量的糯米来改善它的口感，穇子粑粑味道极香，此外也可以与鸡鸭等肉食一起蒸做穇子粑粑蒸年鸡等特色美食，吃出浓浓的隆回味道。穇子为粗粮，可以有效改善肠胃，提高人体消化机能。在20世纪70年代粮食紧缺时，穇子也是当地一种重要的主食。随着水稻等农作物产量的提高，穇子慢慢地退出了当地主要农作物的种植范畴。

利用价值：穇子因营养价值高，且有补中益气和厚肠胃等功效越来越受到人们的欢迎。穇子酒（永州零陵）、穇子粑粑、穇子粑蒸鸡（娄底新化）等地方特色食物深受大家喜爱。

隆回稜子

湖南省农业科学院科学技术处　刘新红　宗锦涛

（五）泸溪玻璃椒

种质名称：泸溪玻璃椒。

学名：辣椒（*Capsicum annuum* L.）。

采集地：湖南省泸溪县。

主要特征特性：泸溪玻璃椒为羊角椒，果长17.5～20cm，宽1.5cm左右，坐果性好，植株开展度较大，生长势较旺，抗炭疽病、疮痂病等。突出特点：脂肪含量高，干制透明，香味浓。

该资源发现于20世纪70年代，由泸溪县的当地一农户发现其种植田的辣椒中有一株果实油光发亮、生长旺盛，且挂果多的特异株，后经该农户自行留种，经多年不断地人工选择，至20世纪80年代最终性状稳定，形成现在的玻璃椒品种。由于烘干后鲜红透明，且香味浓厚，玻璃椒广受国内外消费者的青睐，20世纪90年代开始畅销韩国、日本、新加坡、马来西亚、斯里兰卡和加拿大等10多个国家和地区。

利用价值：该资源可鲜食用或加工成干辣椒，目前在泸溪县种植面积1 000亩左右。作为特色农产品开发前景广阔。

泸溪玻璃椒结果状及成熟果实

湖南省农业科学院　周书栋　杨建国

（六）野生大翼香橙

种质名称：野生大翼香橙。

学名：宜昌橙（*Citrus cavaleriei* H. Lév. ex Cavalier）。

采集地：湖南省洪江县。

主要特征特性：该资源是芸香科柑橘属大翼橙亚属中的紫花型宜昌橙，是目前已知世界上最古老的柑橘原始种之一。该树种为小型乔木，抗寒、抗旱等抗逆性极强，但生长速度很慢。叶片和果子具有浓郁的香味，当地村民习惯称它为"香柑子"。据介绍，1986年移栽的几株半成年观察标本树，至今平均只长高35cm，推测树体寿命可达300年以上。该资源零碎分布在洪江海拔840~950m的针阔混交林中，总分布面积1 000亩左右。

利用价值：可用于柑橘的遗传进化等方面的研究，并在抗性育种等方面具有潜在价值。

香橙叶

湖南省农业科学院　周长富

（七）雁池红橘

种质名称：雁池红橘。

学名：柑橘（*Citrus reticulate* Blanco）。

采集地：湖南省石门县。

主要特征特性：又叫朱橘，明朝洪武年间（1368—1398年）便闻名于世的古老柑橘品种，曾作为上贡朝廷的贡品。该品种籽非常多，但果肉和果皮均具有独特的香味，为独有的地方品种，其果实香味浓郁，是其他品种所无法比拟的，在当地用来制作陈皮效果非常好。果实直径5cm，果肉品质较好。橘皮橙红，表面光亮，橘皮香味浓郁。

利用价值：该资源抗性较好。当地主要用于鲜食，果皮是做陈皮和调料的佳品。

雁池红橘植株　　　　　　　未成熟的雁池红橘　　　　　　成熟的雁池红橘

湖南省农业科学院　王同华　徐海

（八）壶瓶碎米荠

种质名称：壶瓶碎米荠。

学名：壶瓶碎米荠（*Cardamine hupingshanensis* K. M. Liu）。

采集地：湖南省壶瓶山地区。

主要特征特性：该资源是我国特有的十字花科植物，所在属为碎米荠属，主要分布在湖南壶瓶山一带和湖北恩施市附近地区，对硒有超富集能力，被称为植物中"聚硒之王"，该资源口味鲜美，营养丰富。

利用价值：可丰富人们的饮食，将其推广栽培和深加工，可作为一种新型栽培植物进行产业开发，具有较高的应用前景。

壶瓶碎米荠

湖南省农业科学院　贺爱国

（九）桑植粉杨梅

种质名称：桑植粉杨梅。

学名：杨梅（*Myrica rubra* Sieb. et Zucc.）。

采集地：湖南省桑植县。

主要特征特性：该资源发现于湖南省桑植县人潮溪镇新华村大塘湾组，是湖南省资源调查过程发现地方最北、海拔最高的杨梅资源，树体高大，生长健壮，丰产，果实成熟期比普通栽培品种晚熟一个多月，生长健壮，产量高，颜色白里透红，是介于水晶杨梅和红杨梅之间的一个较为特别的资源。

利用价值：为较高海拔区域发展较迟熟杨梅选育新品种提供优良株系，为开展杨梅果实着色规律基础研究提供基因材料。

桑植粉杨梅树

湖南省农业科学院　杨水芝　周长富

（十）江永香芋

种质名称：江永香芋。

学名：芋〔*Colocasia esculenta*（L.）Schott〕。

采集地：湖南省江永县。

主要特征特性：为国家地理标志证明商标，尤以江永县桃川洞香芋量多质优，为传统出口产品，在国际市场上被称为"中国桃川香芋"。株高1.7m左右，叶大，叶柄连叶顶中央着紫红点，叶柄绿色，母芋呈圆柱形，长度20～30cm，直径12～15cm，单芋重1.0～2.5kg，形似炮弹，表皮棕黄色，芋肉乳白色、带紫红色槟榔花纹。特定地域种植，风味独特。香芋生长期长，栽植期为2月中旬至3月下旬，收获期为10月下旬至翌年1月。

利用价值：以球茎供食，可加工成芋片、芋粉，芋荷可腌制，芋茎叶可用作青饲料。

江永香芋

湖南省农业科学院　杨建国　李倩

（十一）永建游水糯

种质名称：永建游水糯。

学名：稻（*Oryza sativa* L.）。

采集地：湖南省沅江县。

主要特征特性：该资源为湖南地方品种，属晚熟粳糯型中稻资源。2017年长沙农艺性状鉴定评价表现为：全生育期146d。株高162.9cm，穗长30.6cm，每株有效穗14.2个，每穗总粒数142.4粒、实粒数99粒，穗立形状为半直立，结实率72.67%，千粒重20.17g。谷粒阔卵形，芒长14mm，芒褐色，颖尖褐色，颖壳黄色，种皮白色。叶鞘绿色，叶片绿色，剑叶长53.1cm、宽1.5cm，剑叶角度平展，茎秆角度为中间型。

利用价值：具有随水位升高而长高和耐淹的特性，与已报道的深水稻生长特性类似。耐淹耐涝，是十分难得的具有研究价值的水稻资源。

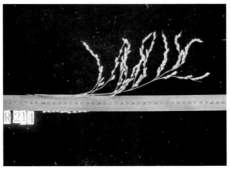

植株及穗部

湖南省农业科学院　李小湘　段永红

（十二）野生黄秋葵

种质名称：野生黄秋葵。

学名：咖啡黄葵［*Abelmoschus esculentus*（L.）Moench］。

采集地：湖南省壶瓶山自然保护区。

主要特征特性：本次发现的野生秋葵品种株高在2m左右，花呈淡黄色，五爪叶型，果实粗短，仅有大拇指长，生长在风化乱石丛中。关于秋葵的原产地，多数书刊及有关科技资料认为秋葵原产于非洲（或说原产北美），但《本草纲目》早已有对秋葵的记载，并可以明确中国在明代已有黄秋葵的栽培，并作为药用。该资源的发现表明黄秋葵并不是近年来才传入我国的蔬菜资源，其俗名洋辣椒的称谓是不科学的，秋葵在我国的驯化历史有待进一步考证。

利用价值：该资源具有较高的植物系统演化研究价值。

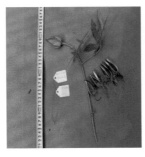

野生黄秋葵　　　　　　野生黄秋葵植株

湖南省农业科学院　王同华

（十三）汝城白毛茶

种质名称：汝城白毛茶。

学名：茶［*Camellia sinensis*（L.）O. Ktze.］。

采集地：湖南省汝城县。

主要特征特性：植株较高大，主干较直立，树姿半开张，分枝较稀，叶片稍上斜状着生。叶长椭圆或椭圆形，叶色绿稍黄，叶面微隆，侧脉9～13对，明显，边缘有锯齿。叶尖尾尖，叶齿深，叶质厚硬。芽叶黄绿色，茸毛特多，一芽三叶，百芽重59.2g。芽叶生长快，春茶萌发期在3月中旬，产量中等。春茶一芽二叶，干样氨基酸含量2.56%～7.62%、茶多酚含量19.76%～43.04%、咖啡因含量3.94%～7.27%，水浸出物含量42.81%～57.94%，属于高茶多酚资源。汝城白毛茶在阴天阴凉条件下净光合速率大、在晴天高温强光条件下光合速率小，其喜阴特性明显，要求比较荫蔽的生态条件。抗寒、抗旱及适应性均较弱。地域性非常强。

利用价值：适制红茶、绿茶，品质优良。制红碎茶，外形棕褐油润多毫，香气浓有花香，滋味浓强，汤色红亮；制绿茶，条索肥硕，遍身披毫，滋味鲜爽。

汝城白毛茶

汝城白毛茶花

汝城白毛茶叶片

汝城白毛茶芽叶（茸毛特多）

湖南省农业科学院茶叶研究所　李赛君　黄飞毅

（十四）野生薏苡

种质名称：野生薏苡。

学名：薏苡（*Coix lacryma-jobi* L.）。

采集地：湖南省江华瑶族自治县。

主要特征特性：该资源不同于北方一年生草本有性繁殖特性，在南方不仅可以利用种子有性繁殖，还可以利用宿根进行无性繁殖。野生薏苡资源多生长于山谷、河沟、溪涧附近潮湿地带，株高170cm左右，总苞黑色或灰白色，外皮坚硬平滑有光泽。

利用价值：薏苡种仁是中国传统的食品资源之一，有利湿、清热排脓、美容养颜等保健功能，该资源对我国薏苡资源的研究与应用具有一定的利用价值。

薏苡种子　　　　　　　　　　田间图

湖南省农业科学院　杨学乐

（十五）野生刺茄

种质名称：野生刺茄。

学名：茄（*Solanum* sp.）。

采集地：湖南省凤凰县。

主要特征特性：分枝性强，植株茎叶有刺，叶互生，椭圆形，花白色，肉黄白色。初夏开花，果实近圆球形，幼果绿色有网纹，成熟果黄色，种子多。每株坐果30~50个，单果重10~20g。喜生长于路旁、荒地、山坡灌丛、沟谷及村庄附近潮湿处。耐寒性强，种子繁殖。

利用价值：是蔬菜嫁接砧木研究领域的重要资源。

野生刺茄

湖南省农业科学院　杨建国　汪端华

（十六）黄籽绿豆

种质名称：黄籽绿豆。

学名：绿豆［*Vigna radiata*（L.）Wilclzek］。

采集地：湖南省平江县。

主要特征特性：该资源是绿豆品种资源中的一种特殊类型，早熟，有限结荚习性。夏播生育期60d左右。株型紧凑，植株直立，株高40～60cm，主茎分枝少。叶卵圆形，花黄带紫色，成熟荚黄白色，单株结荚数20～30个，荚长8～10cm，单荚粒数9.6粒，百粒重5.8g左右，粒形短圆柱，粒色黄色，种皮无光泽。干籽粒含蛋白质约26.4%，淀粉39.8%～43.6%，结荚集中，成熟一致，不炸荚。较抗叶斑病和根腐病，耐旱。

利用价值：黄籽绿豆淀粉含量高，特别是支链淀粉含量高，口感软糯，适合煮粥、包粽子等，因其色泽鲜亮美观，老百姓称其为黄金绿豆，是一种颇具特色的小杂粮，深受大家喜爱。

黄籽绿豆

湖南省农业科学院　汤睿

（十七）红花荞麦

种质名称：红花荞麦。

学名：荞麦（*Fagopyrum esculentum* Moench）。

采集地：湖南省凤凰县。

主要特征特性：生育期85d，花絮形状为伞状紧凑型，抗病性强；播种后35d左右进入花期，花期长，花朵大，花色鲜艳。荞麦的花期20多天，单株开花量500朵以上。

利用价值：红花荞麦属于荞麦的一种，其营养均衡，拥有丰富的膳食纤维。是湖南省很多山区的主要辅助粮食，通常作为丘陵地区和山区耕作换茬的作物进行种植。其花艳丽，可作为观赏作物种植。大力推广观光荞麦的种植，促进旅游产业的发展，增加当地农民的收入，提升当地居民的幸福指数。将荞麦与旅游产业紧密结合起来，通过旅游业来带动荞麦产业的发展。从而通过实现一二三产业融合，加快乡村振兴战略，推进湖南地区荞麦产业的快速发展。

红花荞麦

湖南省农业科学院　李基光

（十八）乌桃

种质名称：乌桃。

学名：桃（*Amygdalus persica* L.）

采集地：湖南省永顺县。

主要特征特性：该资源树高4m，冠幅5m×6m，树势生长中庸，生长在农户房前较为贫瘠的陡坡地上。该植株病虫害少，适生性较强，植株生长20来年从不打药施肥，树势依然较强，每年单株果实产量都在100kg以上。乌桃果皮果肉都为乌紫色，7月上中旬成熟，单果重90~110g，果皮茸毛较多，果核较大，果肉酸甜适中，果肉酥脆。

利用价值：桃是我国重要的时鲜水果，但我国南方桃产区，由于气候温暖湿润，尤其是夏季，雨水充沛，温度较高，桃树极易受到病虫危害，特别是流胶病、霜霉病和桃蚜、桃蛀螟等，因此，桃树培管过程中，每年至少喷药10次以上才能保证果实的丰产，但也带来了农药残留的潜在风险，较大地影响了果品质量安全。此外，由于病虫为害，南方桃树寿命基本都为10年左右，丰产期仅为6~8年，较大地增加了桃树栽培种植户的成本。目前栽培的桃中，大部分果肉为红色、黄色或白色，基本没有紫色品种。

乌桃具有抗病虫害强、产量高、寿命长、果实颜色特别的优点，该种质资源的发现将为今后培育出南方抗病虫危害、寿命长、富含花青素的优良桃品种提供了宝贵的遗传基因。

乌桃

湖南省农业科学院　杨水芝

（十九）桂东糯谷

种质名称：桂东糯谷。

学名：稻（*Oryza sativa* L.）。

采集地：湖南省桂东县。

主要特征特性：该资源为湖南地方品种，来源于高海拔地区，属晚熟粳糯型中稻资源。2017年长沙农艺性状鉴定评价表现为：全生育期123d。株高139.7cm，穗长25.3cm，每株有效穗12.8个，每穗总粒数109.6粒、实粒数82.7粒，穗立形状为弯曲，结实率75.14%，千粒重22.62g。谷粒阔卵形，无芒，颖尖、秆黄色、颖壳黄色、种皮白色，叶鞘绿色，叶片深绿色，剑叶长48.7cm、宽1.7cm，剑叶角度平展，茎秆角度为直立，倒伏性为斜。

利用价值：生长于海拔1 368m，突破了湖南第一、第二次全国农作物种质资源普查水稻资源收集的海拔高度，具有较好的研发利用价值。

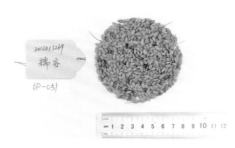

桂东糯谷

湖南省农业科学院　李小湘　段永红

（二十）野生柑橘

种质名称： 野生柑橘。

学名： 柑橘（*Citrus reticulate* Blanco）。

采集地： 湖南省汝城县。

主要特征特性： 40多年前农户从山上挖回，种植于黄龙病疫区，生长健壮，而距其800m的金柑感病明显。

利用价值： 珍贵的科研材料，可作为研究抗黄龙病机理的材料。

野生柑橘

湖南省农业科学院　杨水芝　廖炜

（二十一）东福游水糯

种质名称： 东福游水糯。

学名： 稻（*Oryza sativa* L.）。

采集地： 湖南省沅江县。

主要特征特性： 该资源为湖南地方品种，属晚熟粳糯型中稻资源。2017年长沙农艺性状鉴定评价表现为：全生育期151d。株高160.2cm，穗长27.4cm，每株有效穗14个，每穗总粒数131.2粒、实粒数117.7粒，穗立形状为半直立，结实率89.44%，千粒重20.19g。谷粒阔卵形，无芒，颖尖紫色，颖壳黄色，种皮白色，叶鞘绿色，叶片深绿色，剑叶长43.1cm、宽1.8cm，剑叶角度平展，茎秆角度为直立，抗倒伏性差。

利用价值： 具有随水位升高而长高和耐淹的特性，与已报道的深水稻生长特性类似，是十分难得的具有研究价值的深水稻资源。

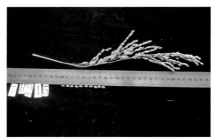

东福游水糯

湖南省农业科学院　李小湘　段永红

（二十二）道县旱稻

种质名称：道县旱稻。

学名：稻（*Oryza sativa* L.）。

采集地：湖南省道县。

主要特征特性：据当地农民介绍，旱籼稻做米饭味道很好，旱糯稻主要用于做糍粑和酿酒，味道很香糯。从20世纪60年代起的将近半个世纪，当地由于缺水只能种植这两种旱稻品种。

利用价值：两个旱稻品种产量相对低，但品质优异，可以用于旱稻品种的选育。水稻旱作能充分利用自然降水，使水稻的种植不再受到人工灌水的限制，从而可大力推广扩大水稻种植面积，提高稻谷产量，同时有利于对低洼地、水沙地、河边、山间出水地的改造，发展节水农业。

旱籼稻

湖南省农业科学院　杨建国　段永红

二、资源利用篇

（一）湖南酸橙

2015—2018年"第三次全国农作物种质资源普查与收集行动"中，湖南省调查收集到最多的柑橘资源是酸橙资源，现共收集65份。全省各地均有分布，主要分布在沅江县等地，为半野生、野生驯化或实生播种栽培，用途各异，是集食用与药用于一身的优异柑橘资源。

酸橙（*Citrus aurantium* L.）属于芸香科柑橘属，是常绿小乔木，枝叶密茂，刺多。其叶色浓绿，质厚，翼叶倒卵形，基部狭尖；总状花序有花少数，花蕾椭圆形或近圆球形，花白色，有芳香气味；果圆球形或扁圆形，果皮稍厚至甚厚，较难剥离，橙黄至朱红色，果心实或半充实，果肉味酸，有时有苦味或兼有特异气味，种子多且大。通常在秦岭南坡以南各地栽种，有时也为半野生。酸橙种类较多，如黄皮酸橙、红皮酸橙、代代酸橙、兴山酸橙、江津酸橙等。黄皮酸橙，又称酸柑子、臭柑子、药橘子。黄皮酸橙类性状较原始，果皮较厚，表面粗糙或有皱纹，色淡黄或橙黄，含油较多，香气较浓，剥离较困难，果肉味甚酸，常兼有苦味或特异气味。多栽种于长江以南、五岭以北，主产湖北西部、湖南、贵州东部，山地偶有半野生的。

调查结果表明，湖南酸橙资源非常丰富，不同地方称之为酸柑子、臭柑子、药橘子、坨坨、狗屎柑等。种类多，有黄皮、红皮，还有不同的酸橙杂交种。通过调查观察性状与鉴定评价综合比较，来自湖南不同地方的酸橙资源中药用成分含量最高的有2份，一份为湘西泸溪县野生驯化栽培，树龄20多年；另一份为沅江市实生播种栽培，树龄40年左右。两份资源幼果药用成分含量也有差异。湖南酸橙主要特性如下。

1. 优良性状

适应性广。调查收集的酸橙资源主要为半野生或野生驯化栽培的，自然分布广，从北纬25°～30°不同县市区600m海拔以下均有分布。生长好，树势旺，自然开张树形，枝繁叶茂。

丰产性好。酸橙产量高，半野生状态下盛产期树单株产量可达50～150kg，栽培树最高单株产量可达200多kg，每年结果，丰产稳产。

抗逆性强。主要表现抗病虫病、抗旱、抗涝、抗冻性好，一些资源几十年没管理、没防病治虫还能枝繁叶茂，每年照常结果；有些资源栽在水塘边，根系一半泡在水中，照样生长开花结果；酸橙树大，根系发达，树势强，抗干旱及抗冻能力强，多年来很少发现干旱或冻死的酸橙树。

成熟果实品质好。有特色优质资源酸橙，果实内果汁含量高达43%，氨基酸含量高，为柑橘类水果之首。果实成熟期11月底至12月初，果大，果形端正，圆球形或偏扁圆形，皮相对较薄，黄色，果形较紧凑，中心柱小，肉黄白色，肉质嫩，刚采下时果实味酸、水分多，春节后食用酸中带点甜。耐贮藏，放至翌年3月品质不变、不失水。

类黄酮物质等含量高。酸橙幼果药用为枳实，据2016年7月酸橙幼果采样检测分析类黄酮成分，优势资源柚皮苷、橙皮苷、新橙皮苷等成分含量比普通资源含量高出1倍多，在同一中药含量标准下可提高产量或减少用药量。果肉主要含柠檬酸、维生素C。2016年对营养成分分析表明，优异酸橙果实中黄酮类成分与抗坏血酸含量相对较高，因此具有更好的功能性，适用于酸橙功能性食品的加工和药用产品的开发。

2. 主要用途

鲜果食用。20世纪60—70年代为地方主要食用柑橘种类之一，湘西地区大多数人家家里都会用坛子或木桶放上松树松针保存至春节期间食用。现在很多有糖尿病的人群喜欢食用酸橙，郴州地区老百姓通常拿刚采下的成熟酸橙泡酒，作药用保健酒。

幼果药用。中药材枳实及枳壳，主要用黄皮酸橙的幼果制成，是常用中药材之一。具有理气宽中、行滞消胀功效，用于治疗胸胁气滞、胀满疼痛、食积不化、痰饮内停，以及胃下垂、脱肛、子宫脱垂等症，医疗价值很高。《本草纲目》记载：枳实、枳壳，气味功用俱同，上世亦无分别，魏、晋以来，始分实、壳之用。枳实与枳壳，因老幼不同而区分，两者功效略同，但枳实力强枳壳力缓。以湖南的最为大宗，次为湖北和江西，其他省区也有少量。

种子生产上作为砧木。酸橙种子播种发出的一年生苗被广泛应用作嫁接甜橙和宽皮橘类的砧木。

叶片作炒菜香料。主要是湘西一带地区老百姓喜爱把叶片用作炒食有腥味肉类的香料，撕开叶片会闻到浓郁的芳香味，有的似生姜的辛辣味，主要功效为去腥味。

大果果汁可作为防冻护肤品。20世纪六七十年代成熟酸橙果汁被湘西一带地方老百姓用作防冻防裂的护肤品，保护效果很好。用后皮肤光滑细腻，愈合冻裂的伤口，现仍然有少数老人家在使用。

3. 开发利用前景

产业基础好。湖南酸橙栽培历史悠久，现生产栽培主产区在沅江一带、安仁县等地，主要用酸橙幼果制成中药枳实及枳壳。作为新兴中药材产业发展有一定基础，在安仁县作为中药材基地规模发展10多万亩，由湖南华夏湘众药业饮片有限公司生产加工销售。

优异资源种苗需求旺。湖南酸橙，因多是实生繁殖苗木，种苗质量参差不齐，很多种苗种性质量退化，盲目栽培的苗木结出的果实药用成分含量低，达不到中药材收购标准，造成果实必须提早采摘，产量收益减少，所以急需选育酸橙良种，培育良种优质苗木替代现有品种。

资源加工开发优势突出。果汁含量高，可加工生产原果汁或加工浓缩汁，可作为化工、食品、制药、纺织工业中的原料。可生产配制饮料、罐头、蜜饯，也可制成甜蜜果酱等。酸橙皮可提炼芳香油和果胶、果冻。幼果提取药中成分作医用原材料，用叶片中提取物替代农药作杀虫剂，从酸橙皮中提取精油等。

酸橙花

酸橙树

酸橙片晒制

果实

湖南省农业科学院　　杨水芝

（二）白薯（脚板薯）资源在当地的利用现状

脚板薯又名脚板苕，别名山药、毛薯、白薯、薯芋、佛手薯、山薯、参薯、薯莨、黎洞薯等。其块茎为不规则的扁块形，状似脚板。表皮褐色或乌紫色，肉质粉色或白色，含有丰富的水分、蛋白质、脂肪、钙、磷、维生素B、维生素C等营养元素。脚板薯是湖南、江西、福建、广东和广西等地的地方品种资源，是常见的多年生草本植物，其蔓细长，攀缘生长，其地下部的块茎外形不规则，形状似脚板。其营养丰富，含有多种人体必需的营养物质。其块根富含黏质蛋白、维生素、淀粉酶等多种营养物质。无氧呼吸能产生乳酸，除供食用外，还可以制糖和酿酒、制酒精。黏质蛋白是一种多糖蛋白质的混合物，对人体有特殊的保护作用，能预防心血管系统的脂肪沉积，保持动脉血管的弹性，阻止动脉粥样硬化过早发生。黏液多糖类物质如与无机盐相结合，可以形成骨质并使软骨具有一定的弹性。脚板薯不仅是好菜，还是中医常用的补益药材，具有补脾养胃、补肺益肾的功效，对肺虚咳喘、脾虚久泻、慢性肠胃炎、糖尿病、遗精带下等症都有疗效。脚板薯的吃法一般是切块炖骨头汤或鸡汤，或者用来烧肉，也有人用来清炒或与肉片一同爆炒。其最大的特点是具有多种分解酵素，吃得再多也不会造成胃滞。

白薯是脚板薯的一种，植株蔓生攀缘，蔓浅绿色，多棱。叶倒箭形，长18cm，宽14cm，深绿色。叶柄长12.5cm，绿色。块茎扁掌状，上窄下宽，先端分叉，长34cm，宽21.5cm，外皮深灰褐色，肉色白。单薯重1.4kg，大薯可达2.5kg。单株产量1.5～3kg。块茎肉质细嫩，淀粉含量高。生长期180～190d。喜高温干燥气候，不耐寒，病虫害少，适于疏松肥沃的沙壤土栽培。亩产量500～2 000kg。

当地生产上用块茎繁殖，一般于2月下旬将种薯切成5～7cm的小块，伤口涂草木灰或生石灰防腐，排在苗床上，覆盖草屑催芽，一般清明前后定植。高畦栽培，畦宽100cm栽两行，株距30～40cm。施足富含磷、钾的土杂肥作基肥，或亩施硫酸钾复合肥10～15kg作基肥。蔓长60cm左右，搭架引蔓。薯块开始膨大时，勤施肥水和培土，适时打顶和除侧枝，促使块茎膨大。白薯一般于7—10月收获，留种用的，于霜降前10d左右采收，进地窖贮存。

湖南各地山区农民都有种植脚板薯的习惯，以一家一户零星种植为主。湘潭县茶恩寺镇花桥村一带，有几百亩成片种植的白薯基地。生活在湘潭的人民都喜欢吃白薯，一般以炒食为主，也有煮骨头汤吃的。

湘潭是湖南省长株潭重要城市之一，湘潭县隶属于湘潭市，位于南岳衡山北部，湘江下游西岸，长衡丘陵盆地北段，东临株洲市、株洲县，南接衡东县、衡山县、双峰县，西抵湘乡市、韶山市，北与湘潭市接壤，属亚热带季风性湿润气候。县域总面积2 134km²，辖17个乡镇；户籍人口97.15万人，常住人口86.53万人（2017年末）。湘潭县有"湘中明珠"之美誉，是中国湘莲之乡、湖湘文化发祥地。县域全境均属长株潭城市群资源节约型、环境友好型社会综合配套改革试验区，是湖南融入"泛珠三角"的前沿阵地。

湘潭县多年平均气温一般为16.7～18.3℃。1月最冷，月平均气温一般在5℃左右。7月最热，月平均气温一般在30℃左右，极端高温达41.2℃，冬夏温差24～25℃。年最低温度一般在-8～-2℃，年最高温度一般在39～40℃。县内年降水日，多年平均为150d左右，最多的年份曾达190d，最少的年份只有125d，多年平均降水量为1 300mm左右，比全省多年平均降水量少5%左右。其中最多年降水量为1 750.2mm，最少年降水量只有997.7mm。平均日照总时数为1 584～1 885h。7月日照最多，2月最少。年际之间，差异颇大，最多年日照达2 127.7h，最少年为1 449.5h。境内春季和夏季多东南风，盛夏多南风，秋冬季多西北风。这样的气候条件适合特色蔬菜作物生长。

在湘潭县，白薯已成规模化种植、产业化发展的一种特色蔬菜，目前，湘潭县正凯蔬菜种植专业合作社组织当地120多户社员在湘潭县茶恩寺镇金坪村一带专业化种植白薯，面积500多亩，年产值500多万元，产品主销湘潭市场。以块茎直棒形、规格500g左右的白薯售价最高。湘潭白薯为早熟地方资源，利用大棚提早育苗和地膜覆盖早熟种植技术，能提早到7月中旬上市。搭架栽培，亩栽2 200株左右，亩产量1 500～2 500kg，地头收购价为3～7元/kg。一般分两级收购，一级白薯块茎直棒形、无伤口、单个重500g左右，其他为二级。2018年，一级白薯的地头收购价为7元/kg，二级为3元/kg。7—10月，白薯供应湘潭本地市场，11月至翌年3月，由广西等外地调入湘潭市场。

湘潭白薯的发展，带动了当地经济的发展，解决了部分残疾人的就业问题。湘潭县正凯蔬菜种植专业合作社，有社员120多户200多人，其中，残疾人5人，合作社年销售产品500多万元。2018年，合作社又从湖南省农业科学院蔬菜研究所资源室引进了紫色脚板薯资源进行试种，以增加花色品种，满足人民生活日益增长的需要。紫色脚板薯是不同于白薯的特色资源，通过资源鉴定，其嫩叶紫红色，藤蔓深紫色。薯肉紫红色或白里透红，色泽好，品质佳，熟食粉糯，具有很大的推广利用价值。

湘潭白薯

湖南省农业科学院　杨建国　汪端华

（三）湖南穇子资源及应用前景

自"第三次全国农作物种质资源普查与收集行动"开展以来，湖南省作物研究所共接收旱粮油料作物1 800余份，繁殖和鉴定4 000余份次，已向国家库上交资源735份，目前进行整理准备上交400余份。在众多收集的作物中，有一类湖南特有的资源引起了大家的注意，那就是穇子。穇子 [*Eleusine coracana*（L.）gaertn]，又名碱谷、龙爪稷、鸡爪粟、鸭脚粟等。为禾本科（Gramineae）穇属（*Eleusine*）一年生草本植物。

从收集的情况来看，主要分布在娄底地区的涟源和新化，邵阳地区的隆回、武冈和洞口等地，在其他地区如郴州地区的桂东、桂阳、汝城、嘉禾、宜章，永州地区的蓝山、道县、江华、双牌，衡阳地区的宁远、耒阳、常宁，株洲地区的炎陵，怀化地区的洪江和溆浦，湘西州的凤凰县等地都有零星种植。通过鉴定繁殖和走访调查，我们了解到，目前穇子的种植面积非常有限，相关研究也是寥寥无几，市场应用更局限于新化和隆回两地。

但通过查阅资料，特别是外文资料，我们发现穇子的栽培历史悠久，可追溯到公元前2000年。起源于非洲，分布于东半球热带及亚热带地区；乌干达、肯尼亚、印度、尼泊尔等地为主栽区。在我国长江以南及安徽、河南、西藏、陕西等省区也有些许分布。

穇子适应性强，在海拔500～2 400m的地方均能生长。具有耐旱、耐盐碱地等特性，在酸性土壤（pH值5.0）或者碱性土壤（pH值8.2）均能正常生长。对病虫害具有较强的抗性，在整个生育期基本不受病虫危害。穇子营养丰富，具有较高含量的膳食纤维、多酚、矿物质和含硫氨基酸，特别是穇子中钙和钾含量在所有谷物中是最高的。它既可做成美味的食品又可加工成保健品，其秸秆可以做牧草，可编篮、筐、帽子，并可造纸。因此穇子的用途广泛，是一种耐贮藏的集食用、饲用、药用多种用途的作物。

通过几年的繁殖鉴定，我们对穇子有了更深层次的了解，同时通过与当地农户以及合作社等的沟通与交流，深入挖掘穇子的应用价值。

穇子的根系发达，密集，为须根系。茎秆较粗，无毛，直立丛生。在肥水条件较好的田块，茎秆基部直径可达3cm以上。基部节间紧缩，分蘖性较强。不同的品种株高不一样，一般为60～140cm。叶片呈条形，叶宽0.5～1.5cm，叶长30～60cm。叶表面光滑无毛，有蜡质。叶鞘短而阔，与叶片交接处有茸毛。花序为穗状花序，粗壮，一般为3～9个。穗长4～19cm，宽0.5～1.0cm；小穗含5～9枚小花，扁形，无柄，在穗轴上呈两行排列，长7～9mm。穗型有松散抱合型、紧密抱合型、开张型3种，成熟时多向内弯曲如鸡爪。果实为囊果，粒小，籽实球形，直径1～1.8mm，每穗约3 000粒种子，千粒重约2.0g。籽粒有褐色、深棕色、黄褐色、黄红色、麻黄色等颜色。

目前，湖南省生产的穇子主要用于食品加工，比如做成穇子粑、穇子团、穇子酒、穇子粉等。这些都是初级农产品，只有深入挖掘穇子的特性，才能创造出更大的经济价值。

1.穇子用于制药业和保健品行业

据《本草纲目》记载，"穇子，甘、涩、无毒，补中益气，厚肠胃"。民间常用于尿频、脾虚腹泻、消化不良等症，是食疗佳品。穇子具有较高含量的膳食纤维、单宁、多酚、矿物质和含硫氨基酸等成分，对许多疾病具有较好的预防作用。研究报道植物多酚能降低癌症、心血管疾病和糖尿病等疾病的发生率。穇子特别是种皮，含有丰富的酚类化合物（主要是苯甲酸衍生物），它具有较好的抗氧化活性。穇子富含不溶性和可溶性膳食纤维，可以预防结肠癌、肠道疾病、冠心病和糖尿病。穇子中单宁、植酸盐和酚类等抗营养因子能降低淀粉的消化率和吸收率，从而辅助降低血糖。此外，穇子是很好的钙来源，其中的钙含量高达350mg/100g，是其他谷物的5～10倍。穇子加工的产品可补充儿童生长发育所需的钙，也可以预防成年的骨质疏松及其他骨骼疾病。因此，稗子在制药业和保健行业具有很好的开发前景，但目前国内对其功能成分及药用价值的研究甚少，有望成为未来稗子制药业和保健行业的突破点。

2. 稗子用于畜牧业

稗子属C₄植物，光合能力极强，产量较高。在我国，如施足底肥，在一般盐碱地上，可亩产干草1 000kg、籽粒150～350kg，即使在瘠薄的盐碱荒地上，也可亩产干草600kg、籽粒100kg。稗子不仅秸秆产量高，而且营养价值（青贮或割青）优于玉米和高粱秸秆，适口性好，草内粗蛋白含量9%，且富含盐分，可作为反刍动物优质饲料。赵丽兰等利用稗子割青秸秆作为荷斯坦奶牛补充青饲料，研究对奶质的影响。研究结果表明荷斯坦奶牛日粮饲料中，用部分稗子割青秸秆替换青贮玉米后，鲜奶的乳脂率保持稳定，乳蛋白率无显著性差异，非脂乳固形物差异极显著。说明在荷斯坦奶牛日粮中添加部分稗子割青秸秆可以显著提高牛奶品质。稗子作为一种反刍动物饲料，不仅能丰富湖南省的牧草种类，还能提高牧草的品质。但是在湖南省尚未进行饲用专用型稗子种植和利用，因此，筛选优质饲用型稗子资源并进行推广，具有重大的意义。

3. 稗子用于改良土壤

稗子茎叶茂盛，根系发达，可以有效地保持土壤水分，减少土壤水分蒸发，改善土壤结构。据有关研究报道，盐碱地种植稗子，每年每公顷的吸盐碱量达660kg左右，每年使6～22cm土层含盐量下降0.2%，碱化度下降30%，对盐碱地起到了重要的改良作用；庞大的根系为盐碱地增加腐殖质含量，对盐碱地起到了培肥的作用。稗子在土壤改良的研究与应用中尚无系统的研究，因此，稗子在改良土壤方面具有很大的空间，其应用价值巨大。

4. 稗子用于拓荒救灾和精准扶贫

由于稗子的根系发达，具有耐旱、耐瘠薄、抗病虫害、适应性强的特点，稗子可以被用于拓荒救灾。在湖南很多贫困山区，条件艰苦，水利条件不便利，土地贫瘠，没有合适的作物种植，农民脱贫困难。稗子适应性强，抗病虫，管理粗放，营养价值丰富，成品籽粒16～20元/kg，对增加贫困地区农民收入、促进快速脱贫具有重要作用。目前，在郴州的嘉禾县、邵阳的洞口县等贫困山区，已经开始依靠种植稗子来脱贫致富。因此，稗子将有望成为贫困山区的主要种植作物之一。

5. 稗子用于轮、间、套作和绿肥

稗子根系发达，茎秆坚硬，一般种在田角地边外，或者荒岗薄地中，民间常将其与大豆、花生、幼林果树等轮、间、套作，但是对其前茬、后茬作物的选择以及相互影响、相互作用的机理尚无系统研究。同时，稗子地上部分生物量大，营养丰富且根系发达，能显著提高土地肥力，但是其还田方式、还田量、还田时间及配套工艺鲜有报道。

通过对湖南地区稗子轮、间、套作和绿肥应用进行深入研究，对于进一步提高稗子甚至整个湖南旱粮种植业总产量有着重大的意义。

稗子

湖南省农业科学院　汤睿

（四）特异茶树资源黄金茶的创新与利用

　　一种武陵山片区苗寨的特异茶树资源，如何发展成为湘西州保靖县的支柱扶贫产业？一株400年树龄的古老不育茶树，如何开枝散叶、长满山坡成为农民的致富树？一种养在深山人不识、品质优异却产量稀少的茶叶，如何摇身一变而成为省内外家喻户晓、深受消费者喜爱的高档名茶？

　　湘西州保靖县葫芦镇黄金村的黄金茶历史悠久。据《保靖县志》记载："县内茶叶历史悠久。清嘉庆年间，传说某道台巡视保靖六都，路经冷寨河（现为黄金村），品尝该地茶叶后，颇为赞赏，赏黄金一两。后人遂将该地茶叶取名黄金茶，该地改名为黄金寨[①]，现尚有百龄以上半乔木型茶树百余株。"

　　保靖黄金茶品质独特，在当地小有名气。黄金村村民从零星散落在村里的茶树上采摘鲜叶，进行简单的加工，制成自用的干茶。有时候，村民们也将自制的干茶作为礼品赠送给客人，由于栗香浓郁、滋味鲜爽醇厚，逐渐被保靖当地民众视为茶之珍品。村民们从益阳等地引入其他茶树品种进行栽培，却发现茶叶口感远不如黄金茶，村民们意识到黄金茶的独特品质主要由茶树品种决定的。

　　但黄金茶原产地古茶树大多衰老死亡或被毁灭，留下的大茶树也面临被砍、被挖的危机，这可能导致黄金茶群体资源消亡。为了抢救这份珍贵资源，村民自发收集茶果来繁殖和保存，但因黄金茶资源开花结实少，茶果的发芽率和成活率非常低（据说老鼠特别爱吃黄金茶茶籽），收效甚微。

　　1993年，湘西州保靖县农业局获知黄金村育苗失败的消息，遂委派农艺师张湘生（毕业于湖南农业大学茶学专业，有较为丰富的茶叶育种、栽培和加工的专业经验）下村指导保靖黄金村古茶树的育种繁殖工作，变种子繁殖为无性扦插繁殖，较好地复制和保存了黄金茶部分资源。

　　1995年，湖南省农业科学院茶叶研究所研究员彭继光先生在湘西品尝到黄金茶，留

---

　　① 现黄金村。

下了深刻的印象："保靖黄金茶白毫少，但它绿中透黄的汤色、悦鼻悠长的清香、鲜嫩醇爽的滋味、特异的品质令我终生难忘！参加过省内、国内各类名优茶评比会数十次，所见形美质优的著名茶叶不下百种，香味能与保靖黄金茶齐肩的罕见。"

作为一名资深茶叶研究专家，彭继光先生对保靖黄金茶特异的品质充满了好奇，他想知道，黄金茶内质如此优异是品种原因还是生态环境原因，其主要的品质化学成分含量究竟怎样。2005年，历经10年的长期科学研究，彭继光先生和湖南省农业科学院茶叶研究所科研人员发现黄金茶氨基酸含量达7.47%，是国家级良种福鼎大白茶的1倍以上，且具有"鲜、绿、爽、浓"的独特品质，并确定黄金茶品质优异的主要原因是茶树品种。

保靖黄金茶是经长期自然选择形成的有性群体品种，是湘西地区自然生长的古老珍稀茶树品种资源，与当地引进的其他茶树品种相比，具有明显的特点和优势，主要表现：①在品种特性上，由于生殖生长弱而营养生长旺盛，适宜茶树作为叶用作物的特点。②春茶萌芽早，比其他优良茶树品种早7~15d。芽头密度大，芽叶粗壮，产量高。③制茶品质好，无论是外形还是内质，明显优于其他茶树品种，氨基酸含量特别高，提供了黄金茶独特的鲜爽滋味。④抗逆性强。保靖黄金茶为当地自然繁育品种，具有抗寒、抗高温、抗病虫害的优良特征。⑤无性繁殖能力强，扦插成活率高。

保靖黄金茶1号芽叶

保靖黄金茶1号生产茶园

保靖黄金茶2号芽叶
（春茶芽下第一叶微紫）

保靖黄金茶2号母树

黄金茶资源特性得到科学论证后，当地政府和湖南省农业科学院领导敏感地意识到黄金茶资源是一个宝库，一座"绿色金矿"，决定加大对黄金茶资源的挖掘、创新和利用。2005年5月，保靖县与湖南省茶叶研究所初步达成了《"保靖黄金茶"研究开发合同书》。2005年6月，湖南省农业科学院正式批复同意"湘西黄金茶特异种质资源创新与利用研究"立项，并陆续开发出系列产品。

2016年12月，"特异茶树种质资源黄金茶创新与利用"获湖南省科技进步奖一等奖。

一份特异的地方茶树资源，通过湖南省农业科学院与保靖县政府等组织的多方合作，转化为保靖县的扶贫支柱产业，新增产值13.6亿元；转化为当地农民脱贫奔小康的致富树，使5万多农民脱贫致富；转化为多家茶叶企业的主要盈利来源，成为湖南省四大地方公共品牌之一，累计新增利润近3亿元。

湖南省农业科学院茶叶研究所　李赛君

（五）神州瑶都的红宝石——珍贵茶树资源江华苦茶

江华苦茶是我国古老珍贵的茶树资源。据湖南省农业科学院茶叶研究所专家考证，江华苦茶就是上古时代的"苦茶"，最早记载于《尔雅·释木》，距今有2 500余年。

江华苦茶是湖南茶树四大群体品种之一，原产于南岭山脉，主要分布在九嶷山和萌渚岭，以江华县和兰山县最多。江华苦茶分为9个类型，分别为白叶苦茶、金叶苦茶、青叶苦茶、牛皮苦茶、竹叶苦茶、紫芽苦茶、白毛苦茶、龙须苦茶、柳叶苦茶，资源十分丰富。

江华苦茶台刈后不易发苏，甚至引起死亡。原产地的江华苦茶多为零星分布，容易遭到破坏。自20世纪70年代开始，相关部门就对原始的大苦茶树进行编号挂牌保护，但乱砍滥采现象严重，江华苦茶自然型大茶树生存陷入危险境地。

江华县是全国13个瑶族自治县中瑶族人口最多的县，被誉为"神州瑶都"。当地群众称江华苦茶为大叶茶或高脚茶，他们对茶树的种植和利用也有其古老的传统特点，如单株高秆稀植，采茶用架梯，或用钩攀枝采等。江华苦茶因其具有"治积热久泄和心脾不舒"功效，为当地百姓家常必备之品。民间流行的验方是"在感冒之后，以一握苦茶与食盐炒至喳喳发声，再以一碗水冲和擦洗躯体，睡醒即愈。在积热、腹胀、腹泻时，连饮两碗浓苦茶，则热解胀消泻止"。其"枪旗"制成的高档绿茶，"先苦后甜"，常用于迎待宾客。

江华苦茶群体平均酚类含量高达39.21%、水浸出物48.50%。制绿茶，外形条索弯曲紧细、色泽绿润，汤色黄绿明亮，茶香浓郁，滋味鲜爽，香气和滋味尤其突出；制红条茶外形乌黑油润，汤色红艳明亮，香气甜香醇正，滋味甜醇，"冷后浑"明显，乳状络合物呈橙黄色；制红碎茶，颗粒重实，棕黑油润，汤色红艳浓强，金圈厚，别具香型风格，达全国二套样水平，可与国内外优质红茶媲美。

江华苦茶至今仍保持着原始性状，其高度、树姿、叶形、生化成分都保持着云南大茶树的特征，但叶较小而叶肉加厚，居于乔木型茶树与灌木型茶树之间，可能是乔木型茶树过渡到灌木型茶树的中间类型。耐寒性比云南大叶茶强，可以忍受-9℃的低温；耐旱性强，持续19d高温干旱无有效降雨情况下无旱害发生。江华苦茶是宝贵的茶树资源，在育种学上具有较高的利用价值。日本曾将苦茶（皋芦）引进国内作为杂交亲本，培育出三倍体品系，具有遗传性，苦茶成为日本极其珍贵的亲本资源。湖南省农业科学院茶叶研究所从江华苦茶中选育出湘茶研8号（原潇湘红21-3）、湘红3号（原潇湘红21-1）等优质红茶新品种（系）8个，江华苦茶被认定为省级优良地方群体品种。

　　江华苦茶资源丰富、品质优异，如神州瑶都的一块红宝石，茶叶正成为江华县特色农业支柱产业。1987年，江华县被列为湖南省第一批茶叶出口产品生产基地；2001年，被湖南省农业厅列为全省21个优质品牌茶开发示范基地县之一；2013年被列为全省33个茶叶产业发展重点县之一。

　　"十三五"期末，全县种植茶叶面积达到7.2万亩，实现年产值2.3亿元，培育加工企业（合作社）48家以上，其中省级以上龙头企业3家以上，带动农户10万户以上，其中贫困人口1.1万人。

江华苦茶资源

湘红3号芽叶　　湘红3号（右）抗旱性田间表现

湖南省农业科学院茶叶研究所　　李赛君　　刘振

三、人物事迹篇

（一）古老农家品种的守护者——杨春沅

湖南省石门县农业局种子管理站站长杨春沅是这次石门县作物资源普查的直接负责人，也是农业局做事扎实、埋头苦干的典型。本项目启动之初，杨站长争取农业局的大力支持，成立了项目领导小组，并进行了分工和布局，先后多次带领项目组成员深入石门县偏远山区为资源普查工作实地考察，晚上加班加点搜集资料，为湖南省农业科学院调查队员准备了可靠的历史和现实数据。在系统调查期间，他充分调动农业局的相关人员参与实际调查工作，与调查队员一同在壶瓶山上风餐露宿十余天。杨站长带调查队员每到一个地方，老百姓都热情欢迎，像亲人一样拉家常，可见他在当地群众中的威信很高。

杨春沅站长（左四）和调查队合影

最难忘的是杨站长带领调查队员进入与世隔绝的麻风村，该村目前已经相对安全，但进入该村的路仍只有唯一的一条离地面188m的古老锁链桥，破旧的木板和生锈的铁锁链，让人望而生畏。我们几个恐高的队员实在没办法，只好在桥头放弃了进村的计划，只有几个胆大的队员跟着杨站长前行，紧紧抱着锁链一步一步挪，用了20多分钟才走完这段116m长的恐怖之路。锁链桥是用来隔离麻风病人的，患麻风病的病人已全部病愈，但因多种原因，一些人病愈后留了下来，麻风村与外界交通基本处于阻断状态，所以当地的生产完全是自给自足的状态并延续至今，因此队员在村子里面收集到了非常多的蔬菜、旱粮和水稻古老品种。正是杨站长这种认真的工作态度，使我们的调查工作收获丰富，第一次就收集到了

杨春沅站长（右一）与调查队队员
向老人询问信息

140份资源。杨站长一路上跟我们反复讲的一句话就是："希望我们这次工作能为后代子孙留下尽可能多的宝贵资源，我们这代人需要传承的不仅是经验和技术，更重要的是种质资源！"

湖南省农业科学院　王同华

（二）壶瓶山自然保护区的守望者——杜凡章

在被誉为湖南省屋脊的壶瓶山进行的系统调查过程中，石门县农业局种子管理站站长杨春沅专门把他的老朋友杜凡章老人请来协助本次调查。平日里我们喊他老杜，跟老人家天南海北地开玩笑，但在工作上我们都尊称他杜老。杜老是一位年近70岁高龄的壶瓶山巡护员，也是一个把一辈子奉献给了壶瓶山自然保护区的农民专家，他熟知壶瓶山3 000多种植物，哪个山坡上、哪个深谷里有什么植物，什么时候开花，什么时候结果，他都了如指掌，可以说是壶瓶山的一本植物活字典。其实，杜老十多年以前就已退休，现在是被返聘回来工作的，因为壶瓶山自然保护区的工作确实离不开他。保护区管理局办公室主任说："到现在一直还没有培养出来有能力、有热情守护这片热土的接班人，离开了杜老，当地植物资源保护工作真的难以开展。"杨春沅站长介绍："因为政策原因，杜老返聘工资虽然仅有两千多块，但他一直坚守着，就是对这片土地一草一木的热爱。为了保护这片土地，杜老历尽千辛万苦，甚至当年为了阻止资源乱采乱挖现象还被围攻受过伤，很不容易。"杜老听说我们这次行动的目的，他很兴奋，推掉手头所有的事情，拿着砍刀就带领队员开进大山。在路上杜老一直跟我们说这项工作开展得好呀，其实早就应该搞！他一直担心自己的心血没人继承，希望通过这次国家作物种质资源普查项目，壶瓶山的一草一木都能得到最大程度的善待。

刚开始队员们还为老人家的身体感到担忧，但一天下来，杜老爬山过桥步履矫健，始终走在队伍的前面，并第一个登上了海拔2 098m的壶瓶山主峰，让队员心服口服。杜老称自己在这片山野走的路加起来，可以进行数次两万五千里长征了。以前没有路，自己一个人走一个来回不知道要摔多少跤，但看着保护区内的动植物能够一年年自由自在地繁衍、生长，心里有说不出的欣慰。本着对这片山林上一草一木的珍爱，杜老还在家里建起了个人苗圃，专门收藏与保护当地的珍贵植物，这次他送给调查队的是本地特有的壶瓶山碎米荠、天韭、蓝米核桃、乌米核桃、野生秋葵以及重楼（七叶一枝花）、灯台莲等珍贵资源。其中壶瓶碎米荠，是一种十字花科植物，1983年首次在壶瓶山发现，也因此而得名，为我国特有植物物种，对硒有超富集能力，被称为植物界中的"聚硒之王"，是一种健康蔬菜，全株可食用；天蒜，是一种罕见的野生韭菜原种，比家韭叶片宽且长，韭香更浓，药食两用，是百合科葱属多年生草本植物，当地也叫天韭。杜老说自己很想为壶瓶山做的一件事就是把自己这一辈子积累的研究整理成册，希望能尽量将自己所有的东西通过文字和图片传承下来。这次作物种质资源工作，让我们调查队员们认识了对植物保护一片痴心的杜老，一位将自己一生都奉献给壶瓶山的老人。我们不仅感激杜老这次出手相助，更为杜老奉献的一生所感动，这也必将是本次活动留给队员内心最珍贵的财富。

杜老讲解相关资源信息　　　　　　　　杜老带领调查队实地调查

湖南省农业科学院　王同华

（三）珍贵资源守护者——周喜财

　　郴州莽山国家森林公园位于湖南省宜章县境内，至今仍保存有 6 000hm² 的原始森林，是湖南省面积最大的森林公园，最高峰猛坑石海拔 1 902m。这里是南北植物的汇集地，亚热带和少数热带、寒带的森林植物在这里杂居共荣，它因拥有一片世界湿润亚热带地区面积最大、保存最好的原生型常绿阔叶林和丰富的动植物资源而享有"地球同纬度带上的绿色明珠"和"动植物基因库"的美称。莽山自然保护区内植物种类丰富，由于受第四纪冰川的影响很少，很多第三纪甚至更古老的植物得以保留下来，属于第三纪森林的良好保存地，是古老植物的"避难所"。

　　早在20世纪70年代，湖南省农业科学院老一辈园艺专家贺善文、刘庚峰、李文斌等就开始了湖南省内的野生柑橘资源调查、采集和鉴定。老一辈专家们通过对莽山内的野生柑橘与世界各地柑橘的比较鉴定，明确了柑橘家族很可能于800万年前起源于喜马拉雅地区。柑橘的祖先走下喜马拉雅山之后，一路向东，最先分化出来的是莽山野橘（Citrus mangshanensis），由此得出世界宽皮橘的起源中心为湖南的南岭山脉的结论。而这一切的集中点就得于莽山森林自然保护区内的野生柑橘活化石"莽山野橘"。

　　从这20 000多公顷的莽山自然保护区，发现这几株柑橘活化石还得归功于一辈子服务于莽山农业站的周喜财站长。从湖南省农业科学院老一辈柑橘研究专家第一次进入莽山起，他便作为向导带领专家们翻山越岭，跋山涉水，找到了珍贵的野生柑橘。

　　湖南省农业科学院园艺研究所柑橘专家杨水芝研究员曾于2012年承担了农业部物种资源保护项目"湖南柑橘野生资源动态监测和鉴定评价"。经过老一辈专家介绍后，杨水芝研究员立即聘请周站长作为向导考察收集莽山野橘，几年间周站长坚持陪同杨水芝研究员课题组对莽山野生柑橘资源进行动态监测和鉴定评价工作。

　　2015年湖南省开展"第三次全国农作物种质资源普查与收集行动"，资源系统调查队第三组在杨水芝研究员的带领下再次踏入莽山这片原始而神秘的山林。当杨水芝研究员带领的资源调查队再次见到周站长时，他已经65岁，并已退休，但看他的言行举止依旧，行动矫健，精神健硕，像50多岁的人。他热情地接待大家，坚持要亲自带领考察队去查看仅剩的那几株柑橘活化石，并且还要带领考察队去莽山不同区域采集他平时在山里发现的其他柑橘资源和表型特异的猕猴桃、茶树等野生资源。

一路上，周站长跟我们讲述自己工作经历及其多年来与莽山这片土地及一草一木建立的深厚感情，对各类树木如数家珍。周站长不到20岁就来到莽山农技站工作，从此一辈子扎根在这片土地上。周站长跟我们描述当初工作时候的条件，可不像现在作为国家森林公园有这么便利的交通，当时林区道路可是处处险要。作为基层农业技术人员不仅要掌握本地农业基本情况，为本地农业生产提供技术服务，同时配合上级农业部门开展农业科研试验、观察等工作。早些年大山基本没通车路，去村里下乡，都是跋山涉水。由于莽山区域面积大，并且主要是林区，去到最远的地方经常要在山上过夜，来回一趟要2～3d，所以风餐露宿是他习以为常的事情。正因为长期穿梭森林、乡村、山涧，让他了解到莽山野生柑橘等珍贵稀有农业及林业资源所在地、群落分布区域、生长规律等。30多年养成的习惯，以致周站长退休后仍隔上一阵子还是习惯性地去山上走走。说起这些，周站长便眉飞色舞起来。这时大家注意到了，他右眼一直是闭着的。周站长说这是刚工作不久，他跟同事一起上山的时候，发现有人在盗挖国家一级保护植物伯乐树，经过与不法分子的奋力搏斗，终于把被盗挖的保护植物抢回来了，但右眼却受伤而永久不能睁开了。伤好后，周站长又依旧像原来一样回到了工作岗位上，无悔无怨地继续守护着这片森林中的重要资源。

说起柑橘野生资源，周站长再次兴奋起来，他介绍说当初老专家们过来科考，询问到野生柑橘的事情，刚好他发现了一些野生柑橘植株。因此专家们便请他为向导，去采集了这些野生柑橘的样本。没想到后面报道出来这几株野生柑橘被命名为"莽山野橘"，居然是宽皮柑橘的老祖宗，并以此明确南岭山脉为世界宽皮橘的起源中心，这也算是他工作以来最大的一个贡献。

调查完野生柑橘后，周站长又带领我们到猕猴桃、茶树等野生植株分布点观测与采样。看到这些森林中的果树资源还在健康生长，才发现周边遮阳的一些植被都被修整过，周站长还在忙着推开旁边一些植物以防挡住光照。他说希望有生之年能为国家农作物种质资源普查、保护及莽山野生柑橘资源研究等多做一些贡献。此次莽山资源调查收集共历时3d，短暂的时间却让我们真切地感受到周站长踏实扎根基层、热爱大山的满腔热情，同时我们也向这位伟大的资源守护者致敬。

2015年11月莽山资源调查收集

2017年11月莽山资源补充调查收集

湖南省农业科学院　　杨水芝

（四）记永顺县农作物种质资源保护人——鲁成贵

湖南省永顺县位于湖南省湘西土家族苗族自治州北部，辖区总面积3 810.632 5km²，辖30个乡镇，327个行政村。2012年年末，永顺县总人口53.57万人，其中土家族人口43.35万人。永顺县被列入西部大开发范围，可以享受国家、省、州有关民族区域自治、西部开发等方面的优惠政策。

永顺县地处中西部结合地带的武陵山脉中段，境内地貌以山地、丘岗为主，最高海拔1 437.9m，最低海拔162.6m。属亚热带季风性湿润气候，热量充足，雨量充沛，年平均气温16.4℃，平均降水量1 357mm，平均日照1 306h，无霜期286d。由于受地理位置和气候条件的影响，山区农作物种质资源十分丰富。

湖南省农业科学院在承担"第三次全国农作物种质资源普查与收集行动"项目后，成立了3个调查小队，开展系统调查收集工作。第一小队负责永顺县等8个县市的农作物种质资源系统调查。在进入永顺县小溪自然保护区开展资源调查过程中，通过永顺县农业局多方联系，调查一队非常有幸找到了一位保护区忠实守护者——鲁成贵站长，并请他担任资源调查一队的向导。鲁站长是地地道道的本地人，个子较高，讲一口永顺话，做事很爽快，工作很负责。他家住芙蓉镇，上班在小溪乡，从家里到小溪乡，坐车要3个小时。

鲁站长参加工作较早，18岁起便在小溪林业站工作。1982年，小溪列为国家级自然保护区后，他便在保护区扎根，一干就是50余年，对保护区的一草一木产生了深厚的感情。直到退休后，他依然每个星期要踏入保护区内查看动植物生长情况。在陪同湖南省农业科学院开展农作物种质资源调查过程中，68岁的鲁站长仍旧行动矫健。一路上，他帮我们介绍山上路边看到的各种作物的名称和功能，还有以前与他一起调查资源的人和故事。在与鲁站长交流中，我们得知，山上还有很多有价值的农作物种质资源，但由于时间关系，调查队无法继续在小溪乡收集资源，经请示余院长，调查队与鲁站长签订了正式合同，聘请他帮我们继续收集资源30d，并将我们编写的永顺县资源调查收集种类及注意事项，调查一队主要农作物资源接收人姓名、电话等打印成册，与记载本、调查工具等一起邮寄给他，以便他顺利开展工作。在我们的共同努力下，在永顺县相继收集到了238份农作物种质资源（含中药材），其中，由他收集的资源有98份。这些资源中，30余种作物可以异地保存，还记载了80余种具有开发利用价值的野生植物资源。

鲁站长出生于中草药世家，父亲、祖父都是远近闻名的乡村中医，因此自幼学习中草药知识，再加上长期在保护区开展植物观测和个人的刻苦学习，鲁站长能辨识保护区近千种植物，其中药用植物500余种，且能较为准确地分类到科属，并对不同作物的功效和使用方法具有明确的认知，较好地传承并发展了中医世家的传统，在当地偏远地区居民疾病治疗工作中发挥了较大的作用。

鲁成贵（前排左一）

鲁成贵（后排左三）

在与鲁站长的交谈中，得知鲁站长的儿子跟当前大部分年轻人一样，自幼认真读书，成年后进入大城市发展自己的事业，无法继续传承鲁家的中药传统。随着鲁站长年纪越来越大，考虑到自己无法一直对小溪自然保护区进行保护，且自身所学知识无法继续传播，所以总觉得有些遗憾。鲁站长一直的梦想是能在有生之年建立一个较为系统的中药材种质资源保护和展示圃，将每种作物的名称、功效等做成标牌，并把自己的所学及多年来中医药研究的经验编写成书，使后人可以更有效地利用湖南本土中药材资源，更广泛地推广中国中医文化。但因工作以来存下积蓄不多，无法承担建立和运营资源圃的高额费用。带队开展种质资源调查的湖南省农业科学院副院长余应弘在一旁聆听了鲁站长的汇报，在结束当天调查回到驻地后，当机立断，召集湖南省农业科学院及随同的湘西州农业科学院和永顺县农业局的全部调查队员，研究建立中药材种质资源圃的可行性和实施方案，并进行具体分工。建立中药材种质资源圃对保护和研究利用湖南省药用植物、传承普及中医文化具有重大意义，且通过省、州、县共同协作，能较好地完成中药材种植资源圃的建设运营和维护。

湖南省农业科学院　黄飞毅　杨建国

（五）高山上野生猕猴桃资源守护者——廖德光

2015年10月24日，"第三次全国农作物种质资源普查与收集行动"湖南省农业科学院系统调查三队来到了海拔1 100多米的城步县矛坪镇联龙村，访问了野生猕猴桃资源民间收集、种植者——湖南省劳动模范廖德光。

　　廖德光为本地村民，50岁左右。2000年正是湖南省猕猴桃产业发展初期，廖德光发现城步县内野生猕猴桃资源种类非常多，有不同大小、形状、果肉颜色、味道、成熟期等类型。于是就想，如果能找到好的品种，进行栽培应该是可以的。于是在自己家后山上人工开发了约10亩山地，山地整出后，一家人就到以前发现有野生猕猴桃生长的地方四处寻找野生猕猴桃树苗，并根据果实形状、大小、果肉颜色的不同进行筛选后挖回栽植。刚开始没资金、没种植经验、没技术，一切都很艰难，一次次失败，一次次重来。没有资金搭猕猴桃架就用石头垒起，上面架树干做猕猴桃架，没钱买肥料就不施化肥，在果园种白菜、养鸡。通过10多年的摸索，廖德光的猕猴桃园已具备一定规模，形成了自己的产业特色。

　　猕猴桃种植面积20余亩，收集保存猕猴桃资源50多份，筛选出优良特性猕猴桃资源5份，其中2份已开发为栽培种，还为当地农民种植猕猴桃提供了苗木。

　　形成了猕猴桃果园种菜、养鸡的有机种养模式，不施化肥、不打农药、纯天然、半野生栽培猕猴桃，产量虽然不是很高，但品质非常好。

　　利用自身优势，提高猕猴桃生产效益。因地处偏僻、交通不便，栽培的猕猴桃、土鸡、土鸡蛋在本地以常规方式销售产品没有竞争优势，于是通过网络宣传、销售特色方式种植的优质猕猴桃，售价20元/kg，销往省内外，近几年来一直供不应求，仅猕猴桃年收入就高达20多万元。

　　猕猴桃资源收集保存及开发利用让廖德光尝到了甜头，也提高了他收集保护猕猴桃资源的兴趣，于是他收集野生猕猴桃资源的地区从本村、本乡慢慢扩展到外乡、县内县外。在此期间，廖德光渐渐意识到自己摸索的经验有限，于是主动参加湖南省果树培训班等进行学习，与农业科学院专家建立起了长期合作关系，希望更好提升、发展自己的野生猕猴桃有机栽培产业。

猕猴桃园

湖南省农业科学院　杨水芝　周长富

四、经验总结篇

（一）湖南省创新工作机制——建立激励机制，保障项目顺利开展

为了加强工作调度与督导检查，湖南省农委分别于2015年8月、11月召集项目负责人召开调度会，全面推进各县市区的普查收集工作。先后派出2个督导组，对80%以上的项目县市区的工作进度和执行情况进行全面督导。湖南省农委将种质资源普查收集工作情况纳入县市区农业局绩效考核的重要内容，建立激励机制。各县市区也成立了相应的工作督导组，定期与不定期相结合进行检查。

1. 建立了一个种质资源平台

湖南省农业科学院种质资源库（湖南省水稻种质资源平台）已完成建设，争取湖南省科技厅授牌为"湖南农作物种质资源库"。平台建成后，将成为湖南全省协调统一知识产权保护和资源共享利用重要支撑，为打造成为国家种质资源保存体系省级资源库奠定了坚实基础。该库可保存资源8万份以上，形成长期库（-18℃）、中期库（-2℃）与短期库配套，战略储备与分发利用相结合的资源保护与利用平台。目前，该库收集并保存来自全球59个国家（组织）、国内30个省（区、市）的作物种质资源近30 000份，保存和分发了2015—2016年调查收集和普查征集的4 166份资源，整合湖南省农业科学院内高粱、油菜、绿肥、辣椒等骨干亲本、重要中间材料10 000余份。平台建设得到了各级领导及专家的支持帮助，湖南省委书记杜家毫亲临现场指导，刘旭院士、夏咸柱院士等专家也多次到现场指导平台建设。

2. 系统调查收集到一批珍稀资源

湖南省农业科学院完成了系统调查县市区的对接并进行了技术培训，完成了部分县市区的调查收集工作。在调查收集的种质资源中，较稀有的种质资源包括20世纪60年代种植至今的土豆、地方糯稻、穆子、雁池红橘、蓝米核桃、金河柑子、药木瓜、生长上百年的半乔木型峒茶、高海拔抗寒性原茶等。

3. 涌现出一批先进典型

有56个项目县市区征集的种质资源数量超过了20个的计划任务，占项目县总数的70%，其中沅陵县征集到资源192份，成为湖南省资源征集数量最多的县。张家界市永定区本来属于第二批项目县市区，但该区与第一批同步启动了普查征集工作，目前已完成了所有工作任务。在种质资源普查征集过程中，还涌现出一批优秀工作者和感人的典型事例。

4. 出版了一本种质资源调查专著

结合调查工作实际，立足湖南特色，编写并出版《湖南省农作物种质资源普查与收集指南》。书中介绍了第三次全国、湖南省农作物种质资源普查与收集行动的背景、意义及具体实施内容，湖南省农作物种质资源分布的生态影响因素及湖南省农作物种质资源的分布、普查与收集以及保存利用情况，粮油、蔬菜、果茶的普查与收集方法以及在采集、保存、寄送过程中的注意事项，还总结了湖南省种质资源的调查收集流程以及管理经验。

杜家毫到湖南省农作物种质资源库调研

湖南省农作物种质资源库

重瓣花油菜

《湖南省农作物种质资源普查与收集指南》

湖南省农业科学院　邓晶　刘新红

（二）湖南省管理经验介绍

1. 启动了农作物种质资源的信息管理系统建设

在中国农业科学院作物科学研究所的帮助下，借助上海市农业生物基因中心的资源管理平台，湖南省农作物种质资源库启动建设符合湖南省需求的种质资源信息管理系统和对外查询交流平台，以实现种质资源管理的信息化、规范化和科学化。2019年年底已投入试运行。

2. 湖南省农业科学院斥910万元创新资金支持资源创新团队及平台建设

分别为资源创新联盟项目（760万元）——湖南省特色蔬菜种质资源评价与应用研究、湖南地方特色茶资源创新与开发利用；创新团队项目（120万元）——甘薯种质资源创制与应用创新团队、辣椒种质资源创制与利用创新团队；平台建设项目（30万元）——湖南农作物种质资源信息管理平台建设与应用。

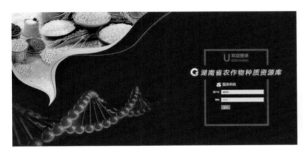

湖南省农作物种质资源信息管理平台

3. 积极推进种质资源信息共享

与长沙生物育种联盟共享资源信息，实现科研院所与企业信息共享，促进资源开发利用；通过湖南农业科技创新联盟，与地市州农业科学院所共享资源信息，促进资源有效研究利用；通过座谈交流、赠送书籍等方式，与江西省农业科学院、广东省农业科学院等兄弟院所分享种质资源调查工作经验。

4. 拍摄湖南农作物种质资源纪录片

用影像资料生动形象地展现了湖南水稻、旱粮与油料、蔬菜、果树、茶叶资源的概况及创新利用情况和资源工作者的精神面貌。

5. 带动地州市农业科学研究院所开展资源普查

与湖南省14个地州市农业科学研究院所以项目为纽带，充分利用地州市区域优势与人员优势，联合开展种质资源收集保存和评价鉴定。目前，每个地州市农业科学研究所分别在本地每个县（市、区）发展了1～2名种质资源收集联络员，便于资源的收集与资源情况的了解。

湖南农作物种质资源纪录片

湖南省农业科学院　邓晶　刘新红

（三）洞口县第三次全国农作物种质资源普查与征集的成效

洞口县位于湖南省中部偏西南，雪峰山脉，地处东经110°08′~111°57′，北纬26°51′~27°22′。地势西北山多岭峻，中部地势低迷，东南丘岗棋布。东西长80.15km，南北宽65.3km，总面积2 184.01km²。为亚热带季风湿润气候，四季分明，冬暖夏凉，雨量充沛，无霜期长，给各种动植物的繁育创造了得天独厚的优越环境，自然资源十分丰富。2015年，洞口县被列为农业部"第三次全国农作物种质资源普查与收集行动"实施县。根据中国农业科学院作物科学研究所"第三次全国农作物种质资源普查与收集行动"业务委托合同，洞口县积极开展种质资源普查。通过开展"第三次全国农作物种质资源普查与收集行动"工作，取得了明显成效，达到了预期效果。

1.普查与征集情况

2015年8月26日技术培训和宣传启动，8月28日至9月15日由乡镇农技站询问、调查、摸底了解本乡镇种质资源情况。从10月8日开始，县种质资源普查组走镇进村入户开始普查。一是填写好1956年、1981年和2014年3个时间节点的《普查表》。由于历史变迁和社会发展诸多原因造成早期资料不全，普查组通过跑档案馆、上门找气象局和统计局，查阅《洞口县县志》，参阅大量文献资料等多种形式，尽量准确填好表格。二是种质资源收集，洞口县以往已对水稻、柑橘、茶叶等大宗农作物种质资源征集在册，现有杂交品种又因已入基因库而不在收录范围内，因此，此次征集的难度较大。经过3个专业工作组全体人员近50d的共同努力，共收集了40份农作物地方品种和野生近缘植物种质样品。按照中国农业科学院作物科学研究所"第三次全国农作物种质资源普查与收集行动"业务委托合同，保质保量顺利完成任务。

2. 主要做法

加强组织领导，明确工作任务。洞口县农业局党委高度重视，召开了党委专题会，成立了以局长任组长，分管种子管理站的党委委员任副组长，其他班子成员及种子管理、粮油、经作、土肥、植保、财务、办公等股站负责人为成员的领导小组。领导小组下设办公室，由种子管理站负责人任办公室主任，负责制订洞口县"第三次全国农作物种质资源普查与收集行动"实施方案，具体开展洞口县种质资源普查。

广泛宣传发动群众。为了充分调动各参与机构以及农民等各方面的积极性，领导小组办公室和各参与机构大力营造声势，加大了对"第三次全国农作物种质资源普查与收集行动"的宣传力度。一是利用新闻媒体广泛宣传，通过电视、报刊、网络、简报、会议等多途径，宣传本次种质资源普查与收集行动的重要意义。二是进村入户面对面宣传，直接告知广大农民农作物种质资源普查与收集的重要性，提升全社会参与保护作物种质资源多样性的意识，加强行动，推动农作物种质资源保护与利用的可持续发展。

组建普查与收集专业队伍。农作物种质资源普查与收集行动是很艰辛很专业的工作，工作人员优先选择经验丰富、年富力强、业务过硬的专业技术人员。洞口县组建由12名专业技术人员和各乡镇农技站站长等35人构成的普查专业工作组，其中高级农艺师5人，农艺师25人，技术员5人。全县共分成3个工作小组，将农作物种质资源普查与收集的任务分解到每一个工作小组。

开展技术培训。洞口县于2015年8月26日举办了全县乡镇农技人员种质资源普查与征集培训班。种子管理站副站长作了技术发言。主要包括解读农作物种质资源普查与收集行动实施方案及管理办法，培训文献资料查阅、资源分类、信息采集、数据填报、样本征集、资源保存等方法，以及如何与农户座谈交流等内容。

制订实施方案。为贯彻落实《农业部 国家发展改革委 科技部关于印发〈全国农作物种质资源保护与利用中长期发展规划（2015—2030年）〉的通知》（农种发〔2015〕2号），《农业部办公厅关于印发〈第三次全国农作物种质资源普查与收集行动2015年实施方案〉的通知》（农办种〔2015〕28号），按照"第三次全国农作物种质资源普查与收集行动"湖南普查与征集培训会要求，根据中国农业科学院作物科学研究所"第三次全国农作物种质资源普查与收集行动"业务委托合同，结合洞口县实际和工作任务，制定了《洞口县第三次全国农作物种质资源普查与收集行动实施方案》，对普查对象、实施范围、期限与进度，任务分工及运行方式，重点工作，保障措施等做了明确规定。

认真开展普查行动。①外围调查了解。一是查阅资料，查阅洞口县有关的各种文献资料，包括县档案馆、县农业局档案等收藏的各类文献和文件，特别注意对县志、农业普查历年统计资料的仔细阅读，了解作物野生近缘植物种类、分布、用途等。二是技术咨询，通过咨询县农业局业务股站、县林业局业务股站、县农科所、县林科所等单位的专家，全面了解洞口县有哪些野生近缘植物，获得他们已经开展调查的作物野生近缘植物信息。三是发动同事和亲友，利用各种机会向同事和亲友讲述自己承担的普查任务，请他们利用下乡工作或其他聚会机会帮忙了解当地的作物种质资源。四是重点走访老人，打听当地长期在农业、林业部门或乡镇工作的老干部或专业技术人员，包括一些村干部、药农等，特别是20世纪50—80年代在农村工作的老人，登门拜访并让他们讲述曾经听到或看到的农作物品种和野生植物情况。五是乡镇农技员与乡村干部座谈，利用召开座谈会、下乡工作、走亲访友等各种机会座谈或聊天，有意识地与他们聊当地的农作物品种、野生植物，尽可能获得当地作物野生近缘植物的情况。六是综合整理，将各方面获取的信息进行整理，确定洞口县具有重要影响力和著名的农作物品种和野生近缘植物资源种类、分布地点等。②实地核实征集。一是带足用品，照相机、GPS仪、手机、电池、地图、矿泉水、食品、雨具等。二是带好采集工具，锄头、砍刀、枝剪、小铁铲、钢卷尺、采集箱或塑料袋、标本夹（吸水纸、绳或带）、放大镜、标签（号牌）、原始记录卡、纱网袋、铅笔、橡皮、小刀等。三是找好向导，找一个熟悉本村地形地貌、山间小路、方位感强且身强力壮、容易沟通的村民当向导。四是实地查看，深入乡村农户，走近田间地头，跋山涉水，实地调查。确定其是否属于目标物种，同时，用GPS确定其地理位置信息和分布面积。五是采集整理，采集样本，拍摄照片，对居群内生态环境、土壤类型、目标物种的典型形态特征、伴生物种等拍摄照片，填写第三次全国农作物种质资源普查与收集行动的征集表。

普查收集的样品报送。整理好收集回来的农作物品种和野生近缘植物信息及时向湖南省种子管理机构汇报，将征集的种质资源送湖南省农业科学院。

3. 工作成效

2015年洞口县第三次全国农作物种质资源普查与收集行动的3个工作小组，从10月开始，分赴全县23个乡镇，走村入户问、深入田间地头寻、漫山遍野找，经过50d辛苦工作，工作成效显著。

全面查清洞口县农作物种质资源多样性本底。调查走访，查阅档案，了解到洞口县名特优品种及野生近缘植物的时空分布状况，粮食、油料、蔬菜、果树、棉麻、茶、烟、糖等资源丰富。

普查征集到农作物种质资源40份。调查组在罗溪乡、江口镇、月溪乡、渣坪乡、长塘乡、大屋乡、石柱乡等山区乡镇，深入荒山僻野，访问乡村干部、老农、专业种植大户和家庭农场主，找到了许多有价值的农作物品种和野生近缘植物资源种类：粮食作物20份、经济作物3份、蔬菜5份、果树12份。这些种质资源有的有较好的营养价值，有的抗病虫，有的抗旱抗寒，具有十分重要的收集、保存意义。洞口县的野生板栗、野生核桃、野生梨等抗病虫，适应性强，可作为经济林、生态林发展；本地红玉米、本地绿大豆、本地红饭豆、本地秫子等可作为营养保健品发展；洞口白萝卜、本地生姜等可做特色蔬菜；雪峰山魔芋、雪峰山白芋、洞口红芋等抗病虫，适应性强，生产中不需要施用农药，可做有机食品生产。

提高了农技干部业务水平。农技干部通过培训和实际操作，业务水平有了较大的提高。

增强了广大农民对作物种质资源的保护意识。通过广泛宣传发动群众，告知广大农民农作物种质资源普查与收集保护的重要性，提高全社会参与保护作物种质资源多样性的意识。

4.存在的问题

种质资源普查与收集间隔时间太长。新中国成立以来只进行了两次种质资源普查与收集，相隔30多年一次，但同时随着社会、经济、城镇化的发展，种质资源的灭绝将会加速。只要建设用地不断扩展，这片土地上的种质资源就会有灭顶之灾。

农作物高产良种的推广应用加速种质资源消失。主要农作物杂交种普遍推广，加速古老、传统地方常规品种的消失，1956年洞口县入国家库保存的水稻地方品种97份，本次普查只收集到一份，并且这份水稻地方种（麻谷占）收割后已经与其他品种混在一起了，只收集到混合样。

主要农作物追求高产的栽培措施加速了种质资源消失速度。大量使用除草剂，导致田边地头的野生近缘植物消失。

5.建议

加快种质资源立法和政策制定。尽管我国对种质资源保护利用已经制定了一些政策，但还有必要加强种质资源立法和政策的制定，达到既能使种质资源得到保存和充分利用，又能保证具有战略性的作物种质资源不至流失国外。

建立稳定的作物种质资源研究保存利用队伍。基层农技推广体系应配置种质资源保护员，妥善解决种质资源保存利用的经费，使种质资源保存利用常态化，发现一个，收集一个。

加大宣传力度。种质资源是我国宝贵的物质财富，种质资源保存是一项造福子孙后代的千秋伟业，要加大宣传力度，使广大民众意识到农作物种质资源的重要性，推动农作物种质资源保护与利用可持续发展。

湖南省洞口县农业局　彭建平

（四）记湖南省茶树种质资源专项调查

自2015年始，湖南省农业科学院承担了"第三次全国农作物种质资源调查与收集行动（湖南）"任务。湖南省属我国茶树区划的江南茶区，是茶树迁移、演化的过渡带，保存着许多进化程度不同的珍贵茶树种质资源，部分资源兼具大叶种和中小叶种的特点。安化云台山大叶、保靖黄金茶、城步峒茶、江华苦茶、汝城白毛茶等一批地方茶树种质资源，为地方茶叶产业发展奠定了品种基础。为进一步了解湖南地方茶树种质资源，挖掘特色茶树，湖南省农业科学院启动了茶叶专项调查，由湖南省茶叶研究所组成调查小分队，调查和收集地方茶树种质资源。

湖南省茶叶研究所组织10多位专家赴主产茶区开展茶树种质资源调查，重点调查城步、汝城、江华等10余县，收集茶树种质资源164份，其中有乔木、小乔木、灌木，也有小叶、大叶等多种类型的茶树资源。目前，这些资源已保存于湖南省农业科学院茶叶研究所种质资源圃内，同时对已扩繁的100多份资源移交国家茶树种质资源圃。

通过开展"第三次全国农作物种质资源调查与收集（湖南）"茶树专项调查，基本摸清了湖南全省茶树种质资源的分布情况，对湖南省茶树种质资源的保护和挖掘利用起到了积极的促进作用。专项调查工作取得了显著成效，获得了相关部门对茶树种质资源项目的后续稳定支持，也带动了政府、企业的种质资源保护意识提升，促进茶学科学发展。

带动茶树种质资源项目后续支持。茶叶是湖南省农业十大特色产业链、六大千亿产业之一，茶叶产业和茶树种质资源得到了各级部门的重视。在湖南茶树种质资源调查收集和湖南省农业科学院茶叶研究所现有茶树种质资源圃的基础上，湖南省科技厅、湖南省农业科学院先后启动了"湖南省地方特色茶资源挖掘与利用""茶树种质资源创新利用与应用研究""湖南特色茶树种质资源收集与创新利用研究"等项目，配套支持资金500多万元，支持茶树种质资源收集、评价与创新利用等基础性研究工作。在这些项目的支持下，湖南省农业科学院茶叶研究所持续开展茶树种质资源的收集、保存和创新利用研究，特别是针对城步峒茶、汝城白毛茶、江华苦茶等地方群体资源的进一步挖掘和利用，为湖南打造"三湘四水五彩茶"，发展千亿湘茶产业奠定基础。

带动茶学学科和人才队伍发展。专项调查积极发动地州市农业科研院（所）、县农业局等机构和人员，共同参与到茶树种质资源调查和收集行动中。先后得到了永州市农业科学研究所、邵阳市农业科学研究院、郴州市农业科学研究所、张家界市农业科学研究院等科研单位，以及汝城、宜章、城步、桑植、江华等10余个县农业局、茶叶办的支持。通过省、市、县茶叶联盟的形式，带动了一批科研院所、科技人员和涉茶人员加入茶树种质资源保护与挖掘工作中，培养了一支爱资源、懂资源、用资源的人才队伍。2016—2018年，湘西州农业科学研究院、邵阳市农业科学研究院等相继成立了茶叶研究所，怀化、郴州等地州市农业科学研究院（所）正在筹备成立茶叶研究所、茶叶研究室。这些专业所（室）的发展，需要不断壮大茶叶科研人才队伍，提高科研能力，这一定程度也上促进了高等院校和科研院所茶学学科的发展。

带动茶树种质资源保护意识。通过"第三次全国农作物种质资源调查与收集行动"及湖南茶树种质资源补充调查，进一步密切了省、市、县各级茶叶从业人员的往来，加强了信息沟通。通过湖南省茶叶研究所专家在行动的开展过程中不断宣传农作物种质资源和茶树种质资源的重要性，在实际调查过程中开展种质资源调查与收集技术指导，共同参与茶树种质资源调查，农业管理部门、农业科研单位等工作人员、茶农、茶企等的种质资源保护意识得到有效提升。一些茶区茶农充分意识到茶树种质资源的价值，自发地对当地茶树种质资源进行保护。保靖县一些茶农还自发开展茶树种质资源挖掘，选育新品系。项目实施前，江华县一些茶树种质资源遭到砍伐、破坏，在调查过程中，调查人员多方呼吁，江华县委县政府拨付专项资金，在野生大茶树比较集中的地方建立"野生苦茶自然保护区"，茶树种质资源破坏的现象得到改善。城步县农业局于2018年启动了城步峒茶资源的调查与保护行动，对县域内茶树种质资源进行编目、挂牌保护，加强珍稀资源原地保存。

带动地方茶树种质资源圃建设。在省、市茶叶专家的共同推动下，2017—2018年，郴州农业科学研究所、邵阳市农业科学研究所、江华县农业局、湘西州农业科学研究院等机构，在当地建立了茶树种质资源圃，针对地区茶树种质资源进行收集和保存，并对调查和收集的茶树种质资源进行扦插扩繁。目前已初步形成了"湖南省茶叶研究所茶树种质资源圃"加"地方茶树种质资源圃"的茶树种质资源保存体系，有效扩大了茶树种质资源的保存能力，也为一些地方特色资源和异地难成活的资源提供了就近保存场所。目前地州市茶树种质资源圃已保存了200余份茶树种质资源。

带动了地方茶产业发展。在茶树种质资源调查、收集过程中，通过调查队员对特色茶树资源的解读，很多地方农业部门、企业开始认识到了本地特色茶树资源的重要性和开发价值，相继开始了地方特色茶树资源的开发。城步县从2016年开始，在儒林镇白蓼洲建设峒茶育苗基地200亩，扦插育苗60 000株，收购峒茶种子7 500kg，培育种苗150余万株；江华县从2017年开始，通过种子和扦插繁育的方式，已繁育江华苦茶种苗200余亩，预计2018年新建江华苦茶茶园5 000余亩，极大地带动了当地茶产业发展。

汝城白毛茶资源调查

城步峒茶资源调查

城步峒茶资源——
侯家寨1号
（围径110cm）

郴州市农业科学研究所种质资源圃

湖南省农业科学院茶叶研究所　黄飞毅　刘振

（五）湖南省农业科学院作物研究所积极开展旱粮作物种质资源的保存与繁殖工作

2015年10月，湖南省农业科学院召开了"第三次全国农作物种质资源普查和收集行动"湖南启动会。启动会后，湖南省农业科学院种质资源调查三个小组分别奔赴各调查县开展工作。截至2015年11月6日，湖南省农业科学院普查和调查行动组共收集资源927份，其中收集旱粮资源113份。为妥善保存所收集资源，湖南省农业科学院制定了相应的种质资源征集材料接收流程，由种质资源库与作物研究所负责全部旱粮实物资源和种子资源的接收和保存。湖南省农业科学院作物研究所积极响应本院的统一部署，组织开展旱粮种质资源的保存与繁殖工作。

考虑到旱粮作物种类繁多、涉及面广，其保存与繁殖工作需要各作物的专业研究人员协同进行。10月23日由湖南省农业科学院作物研究所李莓所长和陈志辉书记主持，召开了"第三次全所科研人员的旱粮种质资源保存与繁殖工作商讨会"，就征集的种质资源的整理保存工作进行部署。会议取得以下成效：

第一，组建作物研究所旱粮作物种质资源研究团队，为项目的实施提供了人员保障。由王同华博士牵头负责，并抽调徐理佳同志全力协助做好本年度资源的整理和入库工作；每个研究室安排2名技术骨干参与其中，形成14人的旱粮作物种质资源研究团队，负责"第三次全国农作物种质资源普查和收集"项目中旱粮油料作物种质资源保存与繁殖工作。

第二，明确种质资源保存与繁育场地，保障了项目顺利开展。作物研究所提供约60m²的作物种质临时低温保存库和储存量在5万千克左右的薯类作物保存地窖作为旱粮作物种质资源的保存场所。此外，作物所新建的面积近100m²的组织培养室，也将用于本次作物资源工作中薯类的快繁和试管苗保存。

第三，制订了相应的规章制度，形成了程序化、目标化的工作守则。为了规范旱粮种质资源的保存与繁殖工作，王同华博士还制定了《湖南省作物所种质资源接收、存繁和鉴定工作规范》，明确了工作目标、岗位职责以及技术流程和规范，并组织团队成员学习讨论。

截至目前，作物研究所对顺利接收来自湖南各县征集和收集的113份旱粮种质资源及时进行了前处理、分类保存和建档。湖南省农业科学院作物研究所将继续发挥现有优势，保障旱粮作物种质资源保存和繁殖工作的顺利开展。

湖南省农业科学院科技处　王同华

（六）祁东县农作物种质资源普查与收集行动成效显著

祁东县地处湘南丘陵，农作物野生种质资源丰富。近年来，随着气候环境变化和种植结构调整，县域野生植物资源急剧减少，地方品种大量消失，亟须对濒危野生种质资源进行抢救性调查和收集。

为推进县域种质资源的保护和开发利用，根据农业部统一部署，2015年9月起，祁东县农业局在全县范围内组织开展了农作物种质资源普查和收集行动。走乡村，访农户，采样本，近3个月时间，做了大量富有成效的工作。一是加强组织领导。这次种质资源普查和收集行动涉及时间跨度长，地域面广，工作任务繁重。为使行动有序进行，由县农业局领导亲自负责，种子管理局牵头，粮油站、农科所和乡镇农技站参与配合，成立了种质资源普查领导小组和普查大队，负责各项工作的组织协调和操作实施，确保资金、物资、人员三落实，最大程度为普查和收集行动创造条件。二是科学制定方案。根据农业部的要求，结合本县实际情况，祁东县农业局精心挑选普查品种，认真确定普查区域，科学规划普查路线，缜密制定了详细的实施方案。三是严格规范具体操作。农作物种质资源普查和收集工作程序复杂、专业性强，需要严格按技术规范实施。祁东县农业局以"精心收集、妥善保存、深入评价、共享利用"为指针，行动中做到"先培训、勤走访、严操作、保质量"。工作队员深入田间地头，仔细观察，如实测量记录。远赴怀化市中方县，拜访曾在祁东工作过的农技专家。主要普查收集工作实行专人负责，各项具体操作严格按技术规范进行。

截至2015年11月20日，祁东县农业局已对全县24个乡镇（街道）的种质资源进行了普查，对归阳、鸟江、白鹤、过水坪、灵官、凤石堰、马杜桥、黄土铺、官家嘴、步云桥、太和堂、砖塘等12个乡镇进行了详查和采样。共走访农户513人，拜访农业专家和农技人员60人，收集本地特色种质资源样品30个。经初步甄别鉴评，封送上报具有较高利用价值的样本29个。在这次普查行动中，发现收集了一批优良地方品种，如健脾开胃的荞麦、驱寒散邪的生姜、清暑止渴的小粒绿豆、补虚益气的黄心薯、细软绵甜粉糯的香芋、鸟江福桥做祭祀粑粑的黄丝糯、白鹤太和路边杂草丛中生长的野生红豆、三破（薹平结蕾、亩平产量、采播期）国家纪录的安明二号黄花菜。这些品种有的食性好，有的产量高，有的抗逆性强，都具有某一个或多个重要的优良基因，都有较好的开发利用前景。

在怀化市中方县拜访曾在祁东县工作过的农技专家欧阳和（中）

在鸟江镇福桥村收集黄丝糯

湖南省祁东县种子管理局　周卫安

（七）湖南省农业科学院顺利开展并圆满完成城步县系统调查与收集工作

2015年10月14—26日，根据"第三次全国农作物种质资源普查与收集行动"方案及湖南省农业科学院资源调查领导小组安排，湖南省农业科学院农作物种质资源系统调查3组在城步县农业局的大力协助下，顺利开展了对城步县为期13d的作物种质资源系统调查与收集工作。

调查3组由6名一线种质资源研究方向科研人员组成，涵盖果树、水稻、蔬菜、茶叶等作物，组长由湖南省农业科学院园艺研究所杨水芝副研究员担任。调查组在对城步县有关专家、年长农户等进行座谈、走访的基础上，主要通过野外调查采集、农户家收集和农贸市场采购等方式，对长安营乡、南山镇、汀坪乡、茅坪镇、儒林镇等5个乡镇共13个村进行系统调查与收集。调查区域包括高山、坡地、平地、沼泽地等不同地形，海拔高度300～1 800m，涉及苗、侗、瑶、汉等不同民族地区。本次调查与收集行动共收集作物种质资源120份，其中果树43份，蔬菜32份，旱粮28份，水稻10份，茶叶7份，包括了黑节糯、旱禾等第一、第二次全国农作物资源普查未收集到的水稻资源，种植30年以上的稷子、小米、大豆、玉米、南瓜、萝卜等地方品种，外形、肉质各具特色的野生猕猴桃和树龄上百年的梨、杨梅、越橘和半乔木型茶树等野生种质资源。

本次系统调查与收集工作，不仅对当地一些古老、稀有、名优作物地方品种和野生近缘种进行了收集，而且对城步县地方品种的种植历史、栽培制度、品种更替和作物野生种质资源的地理分布、生态环境和濒危状况等信息进行了系统调查，为下一步开展作物种质资源的挖掘、利用及野生资源保护等提供了重要的遗传材料和信息。同时，调查组还结合各自专业优势，调研并指导了当地果树、蔬菜、茶叶等特色产业的发展和水稻等的生产。

种质资源普查与收集座谈会

种质资源调查途中

收集的特异种质资源

湖南省茶叶研究所　刘振

（八）湖南省农业科学院完成道县、凤凰县农作物种质资源第一次调查和收集

2015年10月24日至11月4日，湖南省农业科学院全国农作物种质资源调查和收集第一小组完成对道县第一阶段调查和收集任务。中国农业科学院作物科学研究所王述民副所长及专家组、湖南省农业科学院余应弘副院长赴道县进行指导。

调查组与专家组一行首先到道县农业局，与道县农业局领导、种子管理站负责同志召开了座谈会，详细了解道县农作物种质资源普查工作进展情况以及资源分布情况，并针对此次调查的方案进行了讨论。随后王述民副所长及专家组成员还针对资源普查、系统调查和收集工作中存在的问题及要求进行了讲解和指导。

道县位于潇水中游，东邻宁远县，南界江永县和江华县，西接广西全州县、灌阳县，北连双牌县，素有"襟带两广、屏蔽三湘"之称。南北长77km，东西宽62.6km，国土面积2 442km²，总人口70多万人。道县辖7个街道办事处、12个镇、1个乡、4个瑶族乡。

道县属南岭地区，四周高山环绕，中部岗丘起伏，平川交错，东南有九嶷山，南有铜山岭，西有都庞岭，北有紫金山。海拔千米以上的山峰150多个，最高峰韭菜岭，海拔2 009m。山地占总面积的44.7%，丘陵占11.4%，岗地占24.6%，平原占14.9%。

此次调查组对道县清塘镇玉岩村、长乐村、小塘村、奔塘村，桥头镇，乐福堂乡塘碑村、圳头村等10多个村的种质资源进行了调查和收集。在县种子管理站和老技术员的带领下，邀请当地农技站和老农作为向导，进行系统调查。共调查资源79份，其中粮食作物33份、蔬菜31份、果树12份、经济作物3份。

湖南省农业科学院全国农作物种质资源调查和收集第一小组也完成了对凤凰县第一阶段调查和收集任务。在组长杨建国、副组长周佳民的带领下，黄飞毅、周长富、张道微等组员相互配合，对凤凰县阿拉营镇、廖家桥镇、米良乡等7个镇16个村的种质资源进行了调查和收集。

凤凰县东与泸溪县交界，南与麻阳苗族自治县相连，西同贵州省铜仁市、松桃苗族自治县接壤，北和吉首市、花垣县毗邻，史称"西托云贵，东控辰沅，北制川鄂，南扼桂边"。其辖管24个乡镇，355个村（居）委会，面积1 751.1km²。凤凰县是多民族聚居县，以苗、土家、汉三族为主，苗、土家族等少数民族人口31.6万人，占总人口的75.8%。其地形复杂，海拔170~900m，日照偏少，处于全国低照度中心区及湘西北低值中心3区，东侧少雨地区历年平均降水量仅1 308.1mm，年降水量为州内最少，也是全省少雨区之一。

此次调查出发前，与凤凰县农业局和种子管理站相关负责同志开展了多次沟通，对凤凰县农作物种质资源的分布情况进行了了解，并做了详细的调查方案。在县种子管理站和老技术员的带领下，邀请当地农技站和老农作为向导，进行系统调查。共调查资源61份，其中粮食作物18份、蔬菜24份、果树15份、经济作物4份。

调查工作途中合影

调查组在工作

湖南省农业科学院茶叶研究所　黄飞毅

（九）道县第三次全国农作物种质资源普查与收集行动实施情况阶段总结汇报

《农业部办公厅关于印发〈第三次全国农作物种质资源普查与收集行动2015年实施方案〉的通知》（农办种〔2015〕28号）文件中，道县被列为《第三次全国农作物种质资源普查与收集行动》湖南省的79个普查县之一和24个系统调查县之一。为圆满完成道县种质资源普查与系统调查任务，道县农业局高度重视，稳步实施，工作开展有条不紊，阶段总结如下。

1.基本情况

道县，古称道州，具有2 200多年的建制史，其中有1 500多年为州府郡所在地，与衡州（今衡阳）、郴州、永州并称湘南四大古城。现辖7个街道，5个乡，12个镇，2个国有林场，1个国有农场，共有585个行政村（社区），76万人，总土地面积2 447.8km²。玉蟾岩出土的12 000多年前的人工栽培稻谷化石和陶片，让道县赢得了"天下谷源、人间陶本、理学圣地"美称，近期在乐福堂乡福岩洞出土的47颗具有现代人特征的人类牙齿化石，更是让东亚人的历史前推了8万～12万年。大自然的恩赐，道县人民的世代辛勤耕耘，让道县这片古老的土地日益焕发出新的活力。

（1）自然条件优越。道县四周环山，中部丘岗交错，呈独特的山间盆地地形，年平均气温18.6℃，年降水量1 500mm，年日照时数1 600h以上，无霜期长达309d，境内有潇水河、濂溪河、泞水河、泡水河、九嶷河、永明河6条主河流，63条支流呈叶脉状密布全县，加上土层深厚、土壤肥沃，一直享有"天然温室"美誉。

（2）种质资源丰富。道县森林覆盖率62.3%，空气质量优良率100%，地表水质达标率100%，境内农作物种质资源丰富多样，第一、第二次全国农作物种质资源普查后，道县登记保存的种子资源36份，道县滑皮橘、鸭蛋柑等曾为农民增收做出了巨大贡献，桐禾糯、本地辣椒曾红极一时。以前未发现的种质资源，逐渐被发现、开发和利用。

2.所做的主要工作

（1）制定实施方案。道县农业局党委根据农业农村部《第三次全国农作物种质资源普查与收集行动实施方案》技术规范以及长沙技术培训要求，结合道县实际，研究制定了《道县第三次全国农作物种质资源普查与收集行动实施方案》，明确了普查目标、普查对象、普查方法和普查进度，制定了保障措施，确保道县普查与收集工作全面落实。

（2）成立工作组。局党委研究成立了道县农作物种质资源普查与收集行动专项工作组，工作组在种子管理站设立办公室，同时设立了3个小组，每个小组确定一名局领导负责。一是资料整理组。主要负责普查表格填写、资料信息录入、样本整理保管等工作。二是后勤保障组。主要负责交通工具安排、物品采购等工作。三是野外征集组。主要负责野外资源普查与征集工作。野外征集组分成10个队，每个队由一名局领导带5

名技术人员，把全县按乡镇场街道辖区划分成10片，每个队负责一个片的普查与征集工作。

（3）开展技术培训。2015年9月27日，道县农业局组织农作物种质资源普查与收集行动专项工作组人员开展了普查与收集技术培训，由参加长沙培训的分管副局长邹现成同志和种子管理站站长熊纯生同志分别讲解了填表、取样、样本保管、信息录入等技术规范，要求工作人员认真细致全面开展调查，多方了解信息，资料必须真实可靠不得敷衍了事，同时要求不准以取样名义随意带走农户的特、稀、老品种，取样应尽量据实付款给农户。

3. 实施进度

每个组必须按照《道县第三次全国农作物种质资源普查和收集行动实施方案》要求，在规定时间范围内完成各组下达任务，共分为以下3个时间段。

2015年9月6—20日：成立专项工作组，确定工作人员、技术人员，对工作人员进行培训。

2015年9月21日至10月30日：实施普查、征集、采样、送样，分时段填写表格。

2015年11月1—20日：整理完成资料、样本清理保存，综合数据分析，全程总结上报。

4. 普查征集初见成效

湖南省农业科学院技术专家通过在道县一星期的系统调查，并走访偏远山区的农户，共收集了78份价值珍贵的种质资源。同时道县农业局在技术培训后，各工作小组根据分工，都按时开展了普查与征集工作。资料整理组查阅了部分相关资料，开展了普查表格的草稿填写；野外征集组按技术规范开展了征集工作，多份样本经核实整理后，及时送湖南省农业科学院整理保存。

5. 资金使用

严格按照财务制度，专款专用。按照《道县第三次全国农作物种质资源普查与收集行动实施方案》要求使用项目资金。

6. 存在的问题

目前来看，这项工作最大的问题是样本保管困难，因为时间长，保管条件有限，样本少时送样太麻烦，等到样本多时有些活体样本可能已经坏死，只能在送样时重新取样，增加了工作量。同时在样本采集过程中，由于没有完全按照湖南省农业科学院的要求，在操作技术上不规范，需各组重新整理进行规范。

7. 下阶段安排

在下阶段，道县农业局将进一步严格技术规范，严明工作要求，把握工作进度，全面、细致、规范开展工作，按要求完成道县第三次农作物种质资源普查与征集工作。

湖南省道县农业局　熊纯生

广西卷

一、优异资源篇

（一）多穗柯

种质名称：多穗柯。

学名：多穗柯（*Lithocarpus polystachyrus* Rehd.）。

采集地：广西壮族自治区上思县。

主要特征特性：常绿乔木，高达10余米，小枝幼时淡褐色，老时干后暗褐黑色。叶互生；叶柄长2～2.5cm，基部增粗，常呈暗褐色，有时被灰白色粉霜；叶片革质，多皱缩卷曲，展平后呈倒卵状椭圆形，背面叶脉突出，小脉通常不明显，基部楔形，全缘，质脆，气微，味甜。花期5—9月，果期翌年5—9月。合作社的老吴介绍，"多穗柯"野生甜茶是上思县十万大山药食野生植物之一。

利用价值：上思县十万大山的珍稀植物"多穗柯"野生甜茶，据《中华中药志》记载，能防治高血压，治疗湿热痢疾、皮肤痛痒等症，并且有滋润养肝肾、和胃降逆、润肺止咳、解困醒酒等作用。"多穗柯"富含根皮苷和三叶苷，对糖尿病的治疗有着良好的效果，因此也被誉为十万大山的仙茶。

野生甜茶——多穗柯

广西壮族自治区农业科学院　张保青

（二）地灵红糯

种质名称：地灵红糯。

学名：稻（*Oryza sativa* L.）。

采集地：广西壮族自治区龙胜各族自治县。

主要特征特性：种植历史可上溯至公元1024年北宋年间。地灵村拥有红糯生长的最佳环境，它处于高寒或半高寒山区，水田土质肥沃，还有浇灌用的天然山泉水。地灵红糯生育期长，160d以上；植株高大，有1.7m左右；产量较低，亩产300kg左右；米粒呈椭圆柱形，搓去稻壳，稻米泽如胭脂，发出沁人清香。

地灵红糯有着特殊的蒸煮方式——蒸熟"波"装。红糯米需定时泡胀，装入木蒸笼，文火蒸熟。这样蒸熟后的糯饭细腻油亮且色泽红润，溢香四座，口感弹软滑嫩，余味无穷；红糯饭蒸好后，当地侗族村民喜欢装在大葫芦壳里（侗语称为"波"），可以保持多天都不会变质。

利用价值：流传千年的主栽水稻品种地灵红糯，营养极其丰富，含有蛋白质、钙、磷、铁、维生素等，有温补强壮、补气养血等功效。

地灵红糯生境　　　　　　　　　地灵红糯米饭

广西壮族自治区农业科学院水稻研究所　李经成

（三）恭城月柿

种质名称：恭城月柿。

学名：柿（*Diospyros kaki* Thunb.）。

采集地：广西壮族自治区恭城瑶族自治县。

主要特征特性：400多年栽培和加工历史，以地方品种为主，果肉脆嫩、清甜爽口，富含人体所需的高蛋白质和各种维生素，微量元素、钙、铁含量高，营养丰富全面。

利用价值：对治疗胃病、降低血压等疗效明显。广西传统出口创汇的名优产品之一，2015年优质月柿种植面积达到25万亩，产量31万t。同时，恭城县把月柿多元化产品深加工作为主攻方向，在抓好种植的同时做强加工，通过加工升值，把月柿产业做成生态农业增效、农民增收新的增长点。

恭城月柿

广西壮族自治区农业科学院蔬菜研究所　张力

（四）小黄姜

种质名称：小黄姜。

学名：姜（*Zingiber officinale* Rosc.）。

采集地：广西壮族自治区那坡县。

主要特征特性：株高110cm，茎粗1.1cm，叶长26cm，叶宽2.8cm，分枝数20～24，根状茎长25cm，单株茎鲜重达0.85kg，叶半直立，背面有绒毛无蜡粉，姜味浓。优异特性：生长势旺盛，抗病虫害和抗旱性较好，单株产量较高。姜块节间短密、块状小、皮薄、表皮橙红色、肉质密实，色橙黄、香辣味非常浓、姜辣素含量高。

利用价值：姜黄是一种药食两用植物，具有潜在的开发价值，它有特殊的香气，可以当调味品食用，也可以入药，用于多种疾病的治疗，除此之外，还可作为食用染料，所含的姜黄素可作为分析化学试剂。该地方种质资源抗病、抗逆性较好，产量较高，可直接试种推广或作为诱变育种的优良资源。当地居民主要采集作为烹饪佐料和治疗胃痛等胃寒病。

小黄姜

广西壮族自治区农业科学院蔬菜研究所　黄皓

（五）交其爆花玉米

种质名称：交其爆花玉米。

学名：玉米（*Zea mays* L.）。

采集地：广西壮族自治区龙胜各族自治县。

主要特征特性：在南宁种植，生育期92d，全株叶19.0片，株高214.8cm，穗位高120cm，果穗长14.9cm，果穗粗3.4cm，穗行数13.4行，行粒数32.5粒，出籽率79%，千粒重175.3g，果穗柱形，籽粒红色、珍珠形，爆裂型，轴芯红色。结实性好，高产，平均产量2 290.5kg/hm²，膨化倍数达10.7，膨爆率89.8%，属于大穗型爆裂玉米。

利用价值：由于该种质高产、高膨爆率，可直接用于生产，同时也可作为育种材料用于杂交品种选育。在鉴定过程中发现部分爆裂玉米可以作为父本与普通玉米杂交，但不能作为母本接受普通玉米的花粉，具备单向杂交不亲和性。进一步探究这些爆裂玉米杂交不亲和的遗传机制，将*Ga*基因用到生产实际中，有重要的应用价值，不仅可以使玉米防杂保纯，也可以用于转基因玉米防御体系的构建，故该类含*Ga*基因的爆裂玉米材料具有重要的研究价值。

交其爆花玉米

广西壮族自治区农业科学院玉米研究所　覃兰秋　江荣　程伟东　江禹奉

曾艳华　谢小东　周锦国　周海宇　吴翠荣

（六）灵川野生番茄

种质名称：灵川野生番茄。

学名：番茄（*Lycopersicon esculentum* Miller）。

采集地：广西壮族自治区灵川县。

主要特征特性：无限生长类型，小红果番茄，生长势旺，抗病性强，茎秆粗壮，叶片类型为薯叶型，果实圆形，果面光滑，不易裂果、落果，连续坐果能力强。

利用价值：当地菜肴重要的酸味来源，可直接用于生产，或作为番茄抗病、改良果实品质的育种材料。

灵川野生番茄

广西壮族自治区农业科学院蔬菜研究所　甘桂云

（七）灌阳雪萝卜

种质名称：灌阳雪萝卜。

学名：萝卜（*Raphanus sativus* L.）。

采集地：广西壮族自治区灌阳县。

主要特征特性：其形呈椭圆形，单根重300～500g，表皮全红或红白色，肉质雪白，脆甜可口，营养丰富。

利用价值：食后能清热解毒，具有治疗咽喉肿痛、咳嗽等保健作用，是萝卜类中优良品种。

灌阳雪萝卜田间生长状况及植株

广西壮族自治区农业科学院蔬菜研究所 张力

（八）野生大豆

种质名称：野生大豆。

学名：野生大豆（*Glycine soja* Sieb. et Zucc.）。

采集地：广西壮族自治区灌阳县。

主要特征特性：野生大豆是栽培大豆的近缘野生种，具有高蛋白、多花荚、多节、多分枝、耐逆性强等优异性状，是中国乃至世界宝贵的植物遗传资源。野生大豆生境为路边、河边、沟边、田埂、荒地等，有短花荚也有长花荚类型。

利用价值：广西多地有分布，可用于大豆起源和演化研究，或作育种亲本。

短花荚类型　　　　　　　　　　水沟边野生大豆

广西壮族自治区农业科学院经济作物研究所 陈怀珠

（九）东庙旱藕

种质名称：东庙旱藕。

学名：蕉芋（*Canna edulis* ker Grawl.）。

采集地：广西壮族自治区都安瑶族县。

主要特征特性：种质叶片为紫边绿叶，块茎产量高、淀粉含量高、抗病性强。由于当地为高寒石山地区，旱藕吸收了石灰岩土质里的营养，藕质极优，以块茎淀粉作为原料，采用传统手工工艺制成的旱藕粉，不加任何添加剂，具有色泽透明、易煮食、久煮不糊、清爽可口、味道独特等特点，煮汤、炒制、凉拌均可，是当地百姓饱腹健身、延年益寿的家常菜。旱藕粉不仅是当地群众比较喜爱的食品，还深受全国各地以及东南亚国家人们的喜爱。

利用价值：都安县大力发展旱藕种植，形成了旱藕粉丝的产供销"一条龙"，成为当地群众脱贫致富的重要支柱产业。2018年，都安县扶贫开发办在《关于印发都安瑶族自治县2018年旱藕产业发展扶持项目实施方案》（〔2018〕9号）中提出"农户自种、以奖代补"的运行模式引导贫困户种植旱藕，将旱藕产业定为贫困村和贫困群众发展致富之路。

东庙旱藕

广西壮族自治区农业科学院经济作物研究所　樊吴静

（十）巴马火麻

种质名称：巴马火麻。

学名：火麻（*Cannabis sativa* L. subsp. *sativa*）。

采集地：广西壮族自治区巴马瑶族自治县。

主要特征特性：巴马火麻对自然生长环境要求极为苛刻，发现只产于巴马北部的石山，产量稀少且价格昂贵。火麻仁可榨成火麻油，在所有植物油中不饱和脂肪酸含量最高，同时含有大量延缓衰老的维生素E、硒、锌、锰、锗，还含有被誉为"植物脑黄金"α-亚麻酸。

利用价值：巴马火麻是有效的抗衰老和抗辐射植物，鉴于在美容养颜和抗衰老方面的潜在价值，1999年联合国粮油调查署考察巴马火麻后向全世界特别推荐巴马火麻油为"最有开发价值的植物油"。火麻是唯一能够溶解于水的油料，是巴马百岁老人长期食用得以健康长寿的原因之一，当地群众称之为"长寿麻"或"长寿油"。

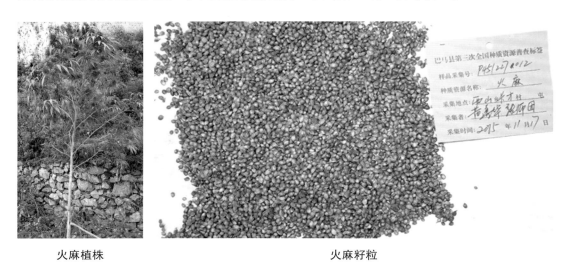

火麻植株   火麻籽粒

广西壮族自治区巴马瑶族自治县农业局　黄善华　张师团

（十一）珍珠黄玉米

种质名称：珍珠黄玉米。

学名：玉米（*Zea mays* L.）。

采集地：广西壮族自治区巴马瑶族自治县。

主要特征特性：在南宁种植，生育期107d，全株叶20.2片，株高269.8cm，穗位高108.4cm，果穗长15.7cm，果穗粗4.2cm，穗行数12.0行，行粒数32.4粒，果穗柱形，籽粒黄色，硬粒型，轴芯白色，秃尖长0.8cm。人工接种鉴定该品种中抗纹枯病、感南方锈病，检测其籽粒蛋白质含量为11.47%、脂肪含量为4.48%、淀粉含量为70.94%。

利用价值：该品种籽粒颜色鲜亮，颗粒小、圆且硬，米多粉少，用于煮制玉米粥食用时口感较好，当地群众称之为"长寿粥"或"黄金食"，过去是红军的主要粮食，现在主要用于饲喂畜禽。该品种同时具有抗虫、抗旱、耐贫瘠等特性，可用于品种选育。

巴马珍珠玉米

广西壮族自治区农业科学院玉米研究所　覃兰秋　程伟东　江禹奉

曾艳华　谢小东　周锦国　周海宇　吴翠荣

（十二）溪庙穇子

种质名称：溪庙穇子。

学名：穇子［*Eleusine coracana*（L.）Gaertn.］。

采集地：广西壮族自治区龙胜各族自治县。

主要特征特性：该品种在南宁种植生育期110d，植株直立，平均株高130.4cm，平均穗长18.1cm，穗为鸡爪形，一般6～9个分叉，单穗重5.6g，千粒重2.06g，粳性，有抗病、优质、耐瘠瘦的特点。

利用价值：村民利用穇子做年糕、糍粑，酿酒等，磨粉做粥喝可强身健体，是一种长寿食品。籽粒也可作婴儿枕芯，有益智催眠功效。

溪庙穇子

广西壮族自治区农业科学院　覃初贤

（十三）巴马黑豆

种质名称：巴马黑豆。

学名：大豆［*Glycine max*（L.）Merr.］。

采集地：广西壮族自治区巴马瑶族自治县。

主要特征特性：因为长在富硒的土壤里，充分吸收土壤里的矿物质成分，加上充足的阳光、弱碱性的水、无污染的生态环境，比一般的黄豆营养更丰富。

利用价值：除通常用作油料和菜肴外，多作滋补品炖药食用。在巴马五谷杂粮中，巴马黑豆为"养生主食之最"，富含多种抗衰老微量元素，抗衰老、养肾功效首屈一指，有补脑、补血、补气、补肾壮阳、明目、乌发之功效，是长寿老人食用油料作物之一。

巴马黑豆

广西壮族自治区农业科学院经济作物研究所　曾维英

（十四）东兰墨米

种质名称：东兰墨米。

学名：稻（*Oryza sativa* L.）。

采集地：广西壮族自治区东兰县。

主要特征特性：米质呈墨色而得名，世界长寿之乡医食同源之珍品，是全国有名的六大珍米之一。

利用价值：该米营养丰富，硒元素含量高，为0.20～0.35mg/kg。硒被国内外医学界和营养学界誉为"抗癌之王""生命火种""天然解毒剂""机体稳定的中心元素""长寿元素""人体年轻的元素"。此外，还含有脂肪、钙、磷、铁等多种营养成分，古代宫廷把墨米列为首选贡米。

田间采收墨米　　　　　　　　东兰墨米

广西壮族自治区东兰县农业局　　陈建相

（十五）候仙哈——兰木粳米

种质名称：候仙哈。

学名：稻（*Oryza sativa* L.）。

采集地：广西壮族自治区东兰县。

主要特征特性：兰木粳米含有丰富的蛋白质、脂肪、碳水化合物、粗纤维等多种营养物质。粳米是兰木人民的主粮，因为长期吃食粳米，百岁以上寿星人口比例很高。1972年美国总统尼克松来中国访问时，中共中央指定用广西东兰县兰木乡粳米在国宴上款待尼克松。从此，兰木粳米享誉海内外，被人们尊称为"米中之王""中央米""总统米"。

利用价值：具有滋阴补脾，健暖肝、明目活血之功效，是生态低碳天然绿色长寿特色食品。

候仙哈田间生长状况　　　　候仙哈植株

广西壮族自治区东兰县农业局　　陈建相

（十六）烟妙荔

种质名称：烟妙荔。

学名：荔枝（*Litchi chinensis* Sonn.）。

采集地：广西壮族自治区灵山县。

主要特征特性：母树高约15m，分4杈，主干基部周径约80cm，树冠直径30m，估计树龄在二百年以上。果实成熟期6月下旬，果实近圆球形，果肩平，果顶浑圆；果皮鲜红，果皮缝合线明显；龟裂片排列整齐不均匀、较大、裂片峰形状楔形；果肉质地软滑，果肉蜡白色，色泽均匀，无杂色，味清甜。果实较大，平均穗重235.9g，平均单果重38.0g，可食率75.8%，可溶性固形物含量19.5%。

利用价值：具有果大、质优、丰产等特性，可直接栽培利用，也可作为杂交育种亲本。

烟妙荔

广西壮族自治区农业科学院园艺研究所　李冬波

（十七）早熟荔枝3号

种质名称：早熟荔枝3号。

学名：荔枝（*Litchi chinensis* Sonn.）。

采集地：广西壮族自治区龙州县。

主要特征特性：果实成熟期在5月上旬。果实歪心形，纵径约为4.17cm，横径约为3.89cm，平均单果重24.3g；果皮红色，较厚；果肉蜡黄色，较厚，味清甜微酸，质地细软，果汁少；平均可溶性固形物含量为19.7%，平均可食率为51.8%。

利用价值：植株高大，生长旺盛，适应性强；果实品质一般，成熟期早为其主要特点。可作为早熟种质资源用于研究及育种。

早熟荔枝3号

广西壮族自治区农业科学院园艺研究所　李冬波

（十八）竹根冲大南瓜

种质名称：竹根冲大南瓜。

学名：南瓜（*Cucurbita moschata* Duch. ex Poiret）。

采集地：广西壮族自治区恭城瑶族自治县。

主要特征特性：晚熟类型，全生育期120～130d。植株生长势旺，叶大茎粗，叶片掌状深绿色，大小41.7cm×40.8cm，主蔓墨绿色，粗度12.19mm。果实扁圆形，纵径16.35cm，横径33.35cm，果形指数0.49，老熟果皮色橙黄色，带浅色斑纹和斑块，肉色浅黄色，肉厚4.5～5.0cm，肉质致密、较粉，味较甜，品质良好。耐干旱、耐贫瘠土壤，植株综合抗性强，高抗白粉病。单果重7.70kg，亩产2 500kg以上。在当地种植30年以上，茎叶、花、果、种子均可食用。

利用价值：该资源果实大、产量高，抗逆性强，可用于大果、高抗南瓜新品种选育的亲本材料；该资源主侧蔓粗度达到12mm，茎嫩汁多，粗纤维少，可直接用作南瓜苗专用品种或新品种选育的亲本材料；该资源种籽粒大饱满，种子大小1.2cm×1.0cm，千粒重43.5g，适合用作籽用南瓜；该资源生长势旺盛，果形端正美观，果实贮藏期长，可用于观赏。

竹根冲大南瓜

广西壮族自治区农业科学院蔬菜研究所　刘文君

（十九）瑶乡白高粱

种质名称：瑶乡白高粱。

学名：高粱［*Sorghum bicolor*（Linn.）Moench］。

采集地：广西壮族自治区上思县。

主要特征特性：瑶乡白高粱为感光品种，在南宁种植表现喜温、耐瘠，长势强，抗病、耐旱，抗虫，适应性广等特性。开荒地、沙壤土和壤土均宜种植。生育期128d，株高388.73cm，单穗粒重44.32g，千粒重16.61g，爆粒率97.35%，米花的花形好、色香味俱佳、无皮渣感，是一份优异的爆粒高粱种质。该资源可直接应用于生产，适合在山区干旱而缺乏灌溉的瘠薄地种植，在当地已种植70年以上，一般为夏种，7月播种，多间种于玉米地或边行，11月收获，亩产400kg左右。农户自行留种，自产自销。

利用价值：生产上可直接种植利用，瑶乡白高粱耐旱、优质，适合在山区干旱而缺乏灌溉的瘠薄土壤种植，也可在新开垦荒地种植作为救灾粮，可作为亲本，用于抗病虫高粱品种的选育。

少数民族传统节日和集会活动时用籽粒制作年糕、糍粑、米花糖等做祭品或送礼佳品。常食用高粱有降血压、血脂等疗效。秆、叶可做牲畜饲料，秆还可以作造纸、盖屋顶、卷帘、筐子等原料，脱粒后的穗制作成扫帚。可结合旅游开发、乡村振兴，将瑶乡白高粱打造成健康绿色食品大产业，对调整当地农业的供给侧结构、加快农业经济的发展，提高当地村民的收入、尽快脱贫致富奔小康具有重大的作用。

瑶乡白高粱植株　　　　　　瑶乡白高粱果穗

广西壮族自治区农业科学院　覃初贤

（二十）泗孟鸭脚粟

种质名称：泗孟鸭脚粟。

学名：穇子［*Eleusine coracana*（L.）Gaertn.］。

采集地：广西壮族自治区东兰县。

主要特征特性：鸭脚粟又名鸡爪谷、鸭脚米、穇米、龙爪粟、鹅掌等。泗孟鸭脚粟在南宁种植表现喜温、耐瘠、长势强、抗病、耐旱、不耐浸、易受螟虫为害、适应性广等特性。开荒地、沙壤土和壤土均宜种植。

千粒重1.53g，亩产125kg左右。穗形鸭掌形，护颖灰褐色，籽粒圆形、红褐色，粳质。当地农民认为该品种是古老的地方品种，优质、抗旱、适应性广，长期食用对肠胃腹泻病有疗效。

利用价值：种植历史悠久有150年，过去常以救荒作物加以种植。生产上可直接种植利用，泗孟鸭脚粟耐旱、优质，适合在山区干旱而缺乏灌溉的瘠薄土壤种植，也可作为亲本，用于耐旱穇子品种的选育。少数民族传统节日和活动时用穇子制作年糕、糍粑、煎饼、麦芽糖等作为祭品或送礼佳品。常食用穇子粥可健脾去湿，增强肠胃功能，对老少腹泻病人有独特疗效；村民还用穇籽磨粉煮粥，喂养病弱家畜，可变得健壮，秆叶可做牲畜饲料。

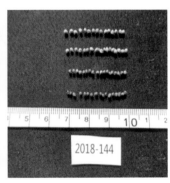

泗孟鸭脚粟

广西壮族自治区农业科学院　覃初贤

（二十一）三江刺葡萄

种质名称：三江刺葡萄。

学名：刺葡萄［*Vitis davidii*（Roman. Du Caill.）Foex.］。

采集地：广西壮族自治区三江侗族自治县。

主要特征特性：两性花，高产，着色好，抗炭疽病。农民自行从山上挖回大量野生单株，经过多年的对比，认为这个单株高产，着色好，酿酒效果好。

三江刺葡萄结果状

利用价值：主要用于酿酒。全乡种植面积达600亩。一部分作为酿酒原料销往各地，一部分供当地农民自建的"三江县民心酒业有限公司"酿酒，酒销往国内各地。为全乡100多户贫困户脱贫提供支持。室内分析叶片抗炭疽病，正在开展建立杂种群工作，未来将利用分子生物技术手段定位和克隆抗病基因。

三江刺葡萄生境

广西壮族自治区农业科学院葡萄与葡萄酒研究所　黄羽

（二十二）沙田木薯

种质名称：沙田木薯。

学名：木薯（*Manihot esculenta* Crantz.）。

采集地：广西壮族自治区合浦县。

主要特征特性：株形伞形，顶端嫩叶浅绿色，叶片裂叶提琴形，裂叶数为7，叶柄黄绿色；主茎高度95cm，茎的分叉为二分叉或三分叉，成熟主茎外皮灰白色，内皮浅绿色；块根圆锥圆柱形，外皮褐色，内皮粉红色，肉质白色，块根数量4～8个，呈水平分布；单株收获指数小于0.5，单株产量3.73kg，淀粉含量27.6%，氢氰酸含量低。

由农民多年自行留种，用于蒸煮食用、制作木薯粉等；蒸煮有香甜味，食用口感香粉，经测定氢氰酸含量为20～30mg/kg。

利用价值：属于食用型木薯，可作为亲本用于食用木薯品种选育或直接引种种植食用。木薯耐旱抗贫瘠，用途广泛，可食用、饲用和加工成各种工业产品。

特色食用木薯新品种推广和高值化利用是木薯产业升级的有效途径之一。食用木薯是特色杂粮，可开发出多样化健康产品。木薯种植容易管理，易于在贫困地区推广种植。

木薯块根及切面

木薯植株

广西壮族自治区农业科学院经济作物研究所　曹升

（二十三）鸡蕉

种质名称：鸡蕉。

学名：芭蕉（*Musa basjoo* Sieb. et Zucc.）。

采集地：广西壮族自治区西乡塘区。

主要特征特性：鸡蕉是芭蕉属大芭蕉的近缘变异种，基因型为ABB。鸡蕉果指短小，无种子，成熟后果皮金黄色，果肉淡黄色，口感细滑，甜中带酸，风味独特。鸡蕉抗逆性很强，对引起香蕉枯萎病的古巴专化型尖孢镰刀菌1号及4号生理小种均具有高度的抗性，同时也很耐旱、耐寒。鸡蕉产量偏低，平均株产10～20kg。

鸡蕉风味独特，当地有将鸡蕉直接作为婴孩哺食的习惯。

利用价值：鸡蕉高抗香蕉枯萎病，当地农民把鸡蕉作为枯萎病区香蕉的替代品种，可作为抗病育种材料。鸡蕉抗逆性强，栽培管理简易，酸甜可口，风味独特，可作为特色蕉类发展。

鸡蕉在当地有小规模种植，能给农民带来一定的收入。如果能够加强品种选育、提高栽培管理水平，增加产量和提高品质，打造成高档特色水果，鸡蕉具有较好的应用前景。

鸡蕉植株　　　　　　　鸡蕉结果状　　　　　　　　　鸡蕉果实

广西壮族自治区农业科学院生物技术研究所　韦弟

（二十四）野生龙眼

种质名称：野生龙眼。

学名：龙眼（*Dimocarpus longan* Lour.）。

采集地：广西壮族自治区龙州县。

主要特征特性：主要分布在远离人类活动的石山地区，周边为高大灌木和乔木。野生龙眼植株高大，一级分枝离地面较高，表现明显的野生特性。野生龙眼有小叶4～5

对，新叶淡绿色，老叶浓绿色，长椭圆形，叶脉较明显。果实和种子均较小，又称为细籽龙。

利用价值：广西是龙眼原产地之一，具有丰富的龙眼种质资源。作为原始的野生材料，野生龙眼资源对于研究龙眼起源、进化等方面具有重要作用。此前，广西还没有关于野生龙眼的记载。近年来我们在广西龙州弄岗自然保护区发现有野生龙眼分布，该龙眼植株高大，一级分枝在3m以上，表现出野生龙眼的特性，进一步明确了广西是龙眼起源中心，具有重要价值。由于生长环境较为荫蔽，野生龙眼成花坐果较难，没有观察到果实性状特征。

野生龙眼植株高大，木材坚实，在当地称为红酸枝木，是做家具的优良木材。针对其野生具有抗逆性强的特点，可以在育种中加以利用。

野生龙眼枝条和植株状况

广西壮族自治区农业科学院园艺研究所 李冬波

（二十五）野生荔枝1号

种质名称：野生荔枝1号。

学名：荔枝（*Litchi chinensis* Sonn.）。

采集地：广西壮族自治区博白县和浦北县交界。

主要特征特性：野生荔枝1号是从野生荔枝群体中选择的有代表性的单株，果实成熟期在6月下旬，果实扁圆球形，纵径2.97cm，横径3.11cm，平均单果重14.1g，果皮紫红色，较厚，果肉蜡白色，果肉较薄，味清甜微香，果肉质地软滑，果汁中等；可溶性固形物含量19.0%，可食率55.5%，种子偶有焦核。

利用价值：可作为荔枝特殊种质资源用于研究荔枝起源进化。具有抗逆性强的特点，可以在育种中加以利用。野生荔枝果实较小，果皮多为淡红或鲜红色，种子较大，果肉风味较酸，品质较差。外观、品质等方面在野生荔枝中均具有较突出优点。

野生荔枝1号结果状　　　　　　　　野生荔枝1号果实

广西壮族自治区农业科学院园艺研究所　李冬波

（二十六）葡萄荔

种质名称：葡萄荔。

学名：荔枝（*Litchi chinensis* Sonn.）。

采集地：广西壮族自治区钦北区。

主要特征特性：因果实成串像葡萄而得名。该品种树势强健，果穗像葡萄成串，果实中等，风味酸甜适中，有微香，品质中上。果实成熟期在6月中下旬。果实心形，纵径约为3.51cm，横径约为3.46cm，平均单果重21.4g；果皮鲜红色，较厚；果肉乳白色，较厚，味清甜微香，质地爽脆，果汁中等；平均可溶性固形物含量为18.6%，平均可食率为64.8%，偶有焦核。

利用价值：可作为荔枝特殊种质资源用于研究及育种，也可直接栽培利用。

葡萄荔

广西壮族自治区农业科学院园艺研究所　李冬波

（二十七）编连葱

种质名称：编连葱。

学名：葱（*Allium fistulosum* L.）。

采集地：广西壮族自治区融水苗族自治县。

主要特征特性：株高55cm，株幅7cm，外形整齐，叶色绿色，叶片展开度小，分蘖数适中，根系强，单株重量14g，辛辣味、刺激性中等，耐热性强，香味浓郁持久。

利用价值：地方优异品种，可作为育种基础材料。

编连葱

广西壮族自治区农业科学院蔬菜研究所　张力

（二十八）珍珠黄豆

种质名称：珍珠黄豆。

学名：大豆［*Glycine max*（L.）Merr.］。

采集地：广西壮族自治区平果县。

主要特征特性：蛋白质含量高，平均达42%～46%，不含胆固醇，却含有豆醇，是高血压、心脏病、动脉硬化等疾病患者的食疗佳品。平果黄豆载入《中国丛书·大豆栽培技术》，历史上销往东南亚国家和中国港澳地区，中国香港《大公报》曾作介绍，享有"珍珠豆"盛誉。

利用价值：大豆育种亲本材料，功能性食品原料等。

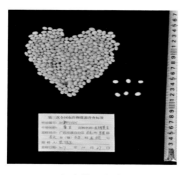

珍珠黄豆籽粒　　　　　　　　　珍珠黄豆制作而成的腐竹

广西壮族自治区农业科学院蔬菜研究所　张力

（二十九）千年古荔枝

种质名称： 千年古荔枝。

学名： 荔枝（*Litchi chinensis* Sonn.）。

采集地： 广西壮族自治区灵山县。

主要特征特性： 树龄距今1 500年以上，是中国目前发现的树龄最长的"灵山香荔"母树，《灵山县志》《广东荔枝志》均有记载。果实卵圆形，纵径约为3.43cm，横径约为3.35cm，平均单果重19.2g；果皮紫红色，厚而韧；果肉蜡白色、半透明，较厚，味清甜微香，质地爽脆，果汁中等；平均可溶性固形物含量为20.5%，平均可食率为76.5%，平均焦核率为50.8%。

利用价值： 品质优良，可直接栽培利用，也可作为品种选育亲本。历史悠久，对于研究荔枝栽培历史和文化具有重要价值。

古荔枝树

广西壮族自治区农业科学院园艺研究所　李冬波

（三十）荔浦芋头

种质名称： 荔浦芋头。

学名： 芋［*Colocasia esculenta*（L.）Schott］。

采集地： 广西壮族自治区荔浦县。

主要特征特性： 荔浦芋头又叫魁芋、槟榔芋，原为野生芋，是经过长期的自然选择和人工选育而形成的一个优良品种，植株高150cm，母芋形状椭圆形，质量13.58g。子芋形状椭圆形，质量63.5g，单株球茎质量156.5g。种植户认为荔浦芋品质优（口感细腻、香味浓郁），产量高（每亩2 000～2 500kg），价格好（荔浦芋被认定为国家地理标志产品，历年收购价在7～8元/kg）。

利用价值： 荔浦芋淀粉含量高，品质优，口感细腻，香味浓郁，可作为高淀粉和高品质育种的亲本。广西壮族自治区农业科学院生物技术研究所利用荔浦芋为亲本，选育出品质更优异的芋头新品种'桂芋2号'。新品种每亩产量达2 500～3 000kg，品质优，较抗软腐病和疫病，种植户每亩收益可达8 000～10 000元。目前，'桂芋2号'占广西芋头种植面积的50%以上，在贫困户脱贫致富中发挥了重要作用。

荔浦芋头及植株

荔浦芋头田间生长状况

广西壮族自治区农业科学院生物技术研究所　董伟清

（三十一）西林火姜

种质名称：西林火姜。

学名：姜（*Zingiber officinale* Rosc.）。

采集地：广西壮族自治区西林县。

主要特征特性：该生姜资源生长势较强，辛辣味浓，姜肉鲜黄，肉质均匀，较抗姜瘟病和茎基腐病。属于优良地方品种，因其姜辣素含量高，食用口感火辣，故被称为"火姜"。

当地村民主要取食生姜老熟或嫩的块茎，用来作为煮菜的调味品，认为有健胃、祛寒等功效，可以作为治疗某些疾病的药用植物。

利用价值：该资源可作为抗病资源进行生姜抗病品种的选育。火姜中含有浓郁的挥发油和姜辣素，可加工成烤姜块、烤姜片，经深加工可制成姜粉、姜汁、姜油、姜晶、姜露和酱渍姜等一系列姜产品。

西林火姜年均种植面积约5万亩，老姜总产量12.5万t左右，当地建立起多家火姜深加工企业，带动当地农户种姜致富。西林火姜生产的西林姜晶在2015年成为我国的国家地理标志产品，产品远销欧美和日本及俄罗斯等国市场。

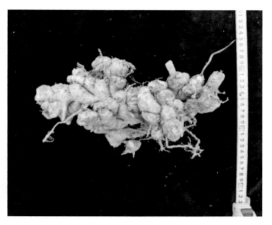

西林火姜生长状况　　　　　西林火姜根茎

广西壮族自治区农业科学院蔬菜研究所　黄皓

（三十二）红头大蒜

种质名称：红头大蒜。

学名：蒜（*Allium sativum* L.）。

采集地：广西壮族自治区东兰县。

主要特征特性：一季水稻在9月底收获后，不用翻犁，即在稻茎部种植蒜头，施放复合肥作基肥，然后用稻草覆盖，成本低，管理方便，次年4月中旬收获。

利用价值：东兰红头大蒜热销周边县、市、区市场，产品供不应求。2020年可发展到8 000～10 000亩。亩产1 000～1 200kg，亩产值4 000元左右。

红头大蒜

广西壮族自治区东兰县农业局　陈建相

（三十三）东兰八角

种质名称：东兰八角。

学名：八角（*Illicium verum* Hook. f.）。

采集地：广西壮族自治区东兰县。

主要特征特性：八角属木兰科植物，常绿乔木。东兰八角干爽大红、肥壮肉厚、品质上乘。八角干品久贮不变质。

利用价值：八角既可入药，又可作调味品。八角果实广泛应用于食品、饲料，是深受消费者喜爱的调味佐料，是炖、炒菜肴的主要佐料之一。另外，八角还广泛用于化妆及日用工业品中。目前八角种植面积9万多亩，东兰县年产量为4 000t，每年9—11月为供货旺季，遍及全县各乡村，是东兰县主要经济林产品之一。

东兰八角

八角林

广西壮族自治区东兰县农业局　陈建相

（三十四）东兰山油茶

种质名称：东兰山油茶。

学名：油茶（*Camellia oleifera* Abel.）。

采集地：广西壮族自治区东兰县。

主要特征特性：东兰的大宗林产品之一，本地特产。由于地理位置特殊，气候适宜，加上传统的小作坊加工，东兰山油茶生产的茶油油质清澈透亮，不饱和脂肪酸等对人体有益的营养成分含量丰富，芳香宜人，口感极佳，是纯天然绿色食品，为食用植物油之首，深受各方客商和消费者青睐。

利用价值：全县种植总面积达9万亩，茶籽常年产量为2 400t，年加工山茶油700多吨，目前市场价格100元/kg，主产区农户仅此项年人均收入1 600元以上，是目前该县农民增收的主要项目之一。产品已销往广东、海南、云南、四川、贵州、重庆、上海等十多个省市及港澳地区。

山油茶   山油菜林

广西壮族自治区东兰县农业局   陈建相

（三十五）东兰板栗

种质名称：东兰板栗。

学名：板栗（*Castanea mollissima* Blume.）。

采集地：广西壮族自治区东兰县。

主要特征特性：由于东兰具有得天独厚的水、土、气候等条件，所产板栗色泽乌黑光亮、果实均匀、粒大皮薄、果肉细腻、清香脆甜，东兰板栗寿命长、产量高，产果期长达50～100年，被人们称为一年种百年收、一代种多代收的"摇钱树"。

利用价值：板栗鲜果销往全国大部分省份及香港和澳门特别行政区，海外远销日本等国家和地区被誉为"果品皇后"。

东兰板栗果实

广西壮族自治区东兰县农业局   陈建相

（三十六）猫豆

种质名称：猫豆。

学名：藜豆（*Mucuna pruriens* L.）。

采集地：广西壮族自治区东兰县。

主要特征特性：猫豆是一种耐旱、适应性很强的农作物，根部有很多根瘤菌，可以提高土地肥力，根系比较发达，叶蔓攀高，覆盖面广，有利于保持水土。

利用价值：猫豆全身都是宝，豆壳、豆叶和豆籽都含有丰富的粗脂肪和粗蛋白，是上乘的猪饲料。豆籽是生产左旋多巴药的原料。猫豆有很长的食用历史，通常做法是在豆荚成熟的时候采摘，经过水煮、浸泡等去毒处理后，晒干脱水做成干货存放，冬天取出发泡后煮食，而且味道鲜美，有补肾强身的功效。每年栽植面积3 000亩，亩产102kg，每千克5元，亩产值510元。

猫豆豆荚　　　　　　　　　　　　猫豆籽粒

广西壮族自治区东兰县农业局　　陈建相

（三十七）黄皮果蔗

种质名称：黄皮果蔗。

学名：甘蔗（*Saccharum officinarum* L.）。

采集地：广西壮族自治区东兰县。

主要特征特性：黄皮果蔗是1995年从中国台湾引进的良种，皮色黄色，具有皮薄、汁饱、清甜、口感好的优点，而且有润津止渴、清凉解毒之功效，能化解肺热和肠胃热、止咳化痰，是深受人们喜爱的冬令水果之一。其含糖量18%~20%，它的糖分是由蔗糖、果糖、葡萄糖3种成分构成的，极易被人体吸收利用。还含有大量的铁、钙、磷、锰、锌等人体必需的微量元素，其中铁的含量特别多，每千克达9mg，居水果之首，故果蔗素有"补血果"的美称。富含18种氨基酸。

利用价值：具有生津止渴、清热解毒、润肺止咳健胃之功效。能补充能量，对缓解疲劳有很大的好处。其不仅可以生食，还可榨汁加工成各类饮料，用途广泛，深受食客的喜爱。每年栽植面积100亩，亩产3 000kg，每千克1.67元，亩产值5 000元。

黄皮果蔗

东兰县农业局　陈建相

（三十八）桂研20号山黄皮

种质名称：桂研20号山黄皮。

学名：细叶黄皮［*Clausena anisumolens*（Blanco）Merr.］。

采集地：广西壮族自治区崇左市。

主要特征特性：山黄皮桂研20号为鲜食加工两用型优质水果品种，早结丰产。平均单果重2.84g，可食率78.9%。果实含有17种氨基酸，总含量为1.023 6g/100g，维生素C含量59.06μg/g，固形物17.1%，总糖含量10.5%，风味酸甜香气可口。

山黄皮桂研20号病害较少，虫害轻微。主要病害有炭疽病、煤烟病（黑霉病）、霜疫霉。主要虫害为星天牛，为害茎秆部位。该种质较耐贫瘠土壤，耐旱力较强，适应性较强；不抗寒，在连续辐射-3℃的情况下，抽生的顶芽有轻微的受害；不耐水涝，连续水浸4d以上，植株会因涝而死亡。

利用价值：山黄皮是我国特、稀、优的果品之一，集营养保健、药用价值于一身，营养价值高，深受民众的喜爱。山黄皮酸甜可口及香气独具一格，果实具有较好的营养价值和药用功效，又是肉类调料精品，可加工成山黄皮干、果脯、果酱、饮料等制品。其产品具有消腻开胃，风味独特，深受民众的喜爱，远销东南亚及中国港澳台等地区。

山黄皮作为广西崇左特色产业，有多家加工企业，产品已走出国门，出口东南亚及我国港澳地区，促进农民增收，政府增税。山黄皮鲜果批发价为4~5元/kg，亩产值5 000~7 000元，具有广阔的发展前景。在助力当地脱贫致富、乡村振兴、产业振兴，甚至服务国家"一带一路"倡议发挥着重大作用。

桂研20号山黄皮结果状

广西南亚热带农业科学研究所　周婧

（三十九）张黄黄瓜

种质名称：张黄黄瓜。

学名：黄瓜（*Cucumis sativus* L.）。

采集地：广西壮族自治区合浦县。

主要特征特性：该黄瓜种质资源植株长势强，侧枝多，叶大而绿色；早熟，主蔓第5节左右始现第1雌花；瓜短圆筒形，无瓜把，瓜表有多少不等的黑或白刺瘤，嫩瓜皮色黄白色，瓜成熟时皮色呈金黄色且有网状裂纹；商品瓜长25cm左右，单瓜重150~200g，口感清脆，每亩产量为4 000kg左右；田间表现耐热耐湿，抗枯萎病、中抗霜霉病和白粉病。

当地主要将黄瓜腌渍加工成黄瓜（皮）送粥或与香螺和沙虫等海鲜混炒，留种的农户普遍认为这个品种加工出来的黄瓜（皮）皮色鲜黄、肉质嫩脆、酸中带甜、香味浓、口感好。

利用价值：选育作为加工黄瓜专用品种，促进当地黄瓜产业发展。钦州黄瓜皮堪称岭南一绝，与荔枝、龙眼一起被誉为岭南三宝。

该品种至今已有上百年栽培历史，现在广西钦州市、北海市、防城港市、南宁市和玉林市等广西南部地区大面积种植，常年种植面积累计1万hm²左右，用来鲜食和腌制成榨菜型黄瓜皮，已经成为钦州市主要支柱产业之一，种植面积近8 000hm²，年产鲜瓜约25万t，为19家黄瓜皮加工企业年提供加工原料约20万t，产品远销新加坡、日本等国，也销往中国香港特别行政区，年产值近亿元，目前，钦州市从事种植、初加工、销售黄瓜（皮）的农户超过2万户，涉及10多万人，有力地促进了当地农民脱贫致富和乡村振兴。

张黄黄瓜

广西壮族自治区农业科学院蔬菜研究所　周生茂

（四十）石塘生姜

种质名称： 石塘生姜。

学名： 姜（*Zingiber officinale* Rosc.）。

采集地： 广西壮族自治区全州县。

主要特征特性： 该资源植株生长能力较强，一般株高80～90cm，叶披针形，叶色翠绿，分枝性强，每株具12～15个分枝，多者可达20枚以上，属密苗类型。根茎黄，皮浅黄肉、根状茎数较多，且排列紧密，节间较长。嫩姜上部鳞片呈淡红色，根状茎皮薄肉质细嫩脆，辛香味较浓，是广西种植嫩姜的最好品种。一般单株嫩姜根茎状重400g左右，一般每亩嫩姜产量2 000～3 000kg，老姜3 000～3 500kg。嫩姜炒食或腌渍酸姜，老姜炒菜，辛辣味浓。

利用价值： 该资源可以选育作为嫩姜生产专用品种，近年来广泛用于嫩姜生产用种，仅桂林市、北海市和南宁市每年种植5万亩以上，产嫩姜近20万t，产值达12亿元以上。产品远销全国各地和东南亚等国内外市场。以该品种生产嫩姜已经成为广西各地尤其山区农村脱贫致富和乡村振兴的重要项目之一。

石塘生姜

广西壮族自治区农业科学院蔬菜研究所　周生茂

（四十一）柳江小米葱

种质名称：柳江小米葱。

学名：葱（*Allium fistulosum* L.）。

采集地：广西壮族自治区柳江区。

主要特征特性：该品种在广西柳州市柳江区三都镇拥有30年以上种植历史，为当地农民自留特别优良的地方品种，小米葱的葱香味浓郁，葱管细小、硬度大、浓绿色，叶肉厚，株高39cm，假茎白色，假茎长8cm，分蘖力强，亩产2 000～3 000kg，耐寒性好，适宜10月至翌年4月种植。当地主要用于作为菜肴、米粉佐料，提味增香。

利用价值：作为香葱冬季主栽品种进行推广，在当地形成"一乡一业""一村一品"的城郊农业发展模式，通过香葱产业的发展带动周边农户实现脱贫致富。

柳江区香葱产业在扶贫中发挥重要作用，当地引进农业企业、专业合作社参与香葱示范区建设，配合开展香葱的种植、收购等工作。通过实施"香葱助农脱贫"的扶贫工作模式，支持贫困户发展香葱产业，提供了大量的就业岗位，带动核心区内10多户贫困户、拓展和辐射区内600多户贫困户种植香葱，户均收入15 000多元，有效解决了贫困户有稳定收入来源、有可持续发展的产业问题，帮助他们迅速实现脱贫。香葱生产已经成为当地农民经济收入的主要来源之一，带动了当地贫困户脱贫，促进地方乡村振兴。

柳江小米葱

广西壮族自治区农业科学院蔬菜研究所　张力

（四十二）正义大南瓜

种质名称：正义大南瓜。

学名：南瓜（*Cucurbita moschata* Duch. ex Poiret）

采集地：广西壮族自治区灵川县。

主要特征特性：该资源植株生长势旺，抗逆性强，全生育期110～120d，中晚熟类型。果实长棒形，顶部膨大，纵径39.7cm，横径16.7cm，嫩瓜表皮绿色，老熟瓜表皮橙黄色带少量斑纹，果肉深黄色，肉质致密，口感粉、细腻，风味微甜，品质优。单瓜重2.5～3.0kg，耐冷性强，耐高温，兼高抗白粉病和病毒病。该资源在当地种植60年以上，瓜苗、花、嫩瓜、老瓜和种子都可食用。

利用价值：该资源品质优，抗性强，是进行优异基因挖掘，研究和选育优质、高抗南瓜新品种的优异材料。在当地以家庭零星种植为主，供自家人食用或用作饲料，未形成种植规模，利用及开发能力不足。

正义大南瓜

广西壮族自治区农业科学院蔬菜研究所　刘文君

（四十三）板河小粒糯

种质名称：板河小粒糯。

学名：玉米（*Zea mays* L.）。

采集地：广西壮族自治区忻城县。

主要特征特性：该资源主要由农民自行留种，自产自销，主要用于煮玉米粥和做糍粑等。该品种在南宁种植的生育期99d，全株叶片19.3片，株高215.0cm，穗位高87.1cm，果穗长12.6cm，果穗粗3.2cm，穗行数10～18行，行粒数27.8粒，出籽率85.9%，千粒重222.0g，果穗锥形，籽粒白色，糯质型，轴芯白色。煮粥很好吃，口感好，糯、顺滑、香，也可以用来做汤圆、糍粑等小吃。其籽粒糯性好、色泽雪白均匀，抗病虫性好，是糯玉米种质创新的宝贵资源，其中'柳糯1号'就含有忻城糯的血缘。

利用价值：该品种是忻城糯的代表品种，主要用于加工成玉米头（注：玉米粒脱皮加工）煮粥，是当地的主食之一。加工成玉米头成米率高达70%左右，市场价7～7.6元/kg，消费者认可度很高，已经成为当地著名的地理标识产品。

该品种在忻城县有较大种植面积，全县每年播种该品种约3万亩，主要集中在红水河以北区域。该品种在当地种植历史悠久，留种的农户普遍认为这个品种是他们老祖宗留下来的宝贵资源，他们按照祖辈流传下来的方式，传承与之相关的生产与生活方式，不仅节约了种子成本，提高了玉米的经济效益，而且在传统知识传承与遗传资源生物多样性保护方面作出显著的贡献。

板河小粒糯

广西壮族自治区农业科学院玉米研究所　谢和霞　江禹奉　吴翠荣　覃兰秋
程伟东　曾艳华　谢小东　周锦国　周海宇

（四十四）北关糯玉米

种质名称：北关糯玉米。

学名：玉米（*Zea mays* L.）。

采集地：广西壮族自治区河池市宜州区。

主要特征特性：该品种在南宁种植的生育期93d，千粒重200.0g，果穗柱形，籽粒白色，糯质型，轴芯白色。高产，亩产300~350kg；糯性好、抗性强、籽粒品质优良，可鲜食也可加工成玉米头煮粥，口感好，非常好吃，软口感好，糯、顺滑。还可以用来做汤圆、糍粑等小吃。

利用价值：该品种是宜州区糯玉米的代表品种之一，具有高产、糯性好、抗性强、籽粒品质优良的特性，可直接用于生产，也可用于糯玉米育种材料创新，是广西重要的糯玉米育种基础种质，用其培育的自交系及其衍生系，育成了多个品质优良的糯玉米杂交种，在广西种植面积较大的糯玉米杂交种'玉美头601''桂甜糯525'等都含有宜州糯的血缘。无论是鲜食生苞，还是加工成玉米头，都能以其独特的优秀品质被人们认可，市场销售价格也高于同类产品。

北关糯玉米

广西壮族自治区农业科学院玉米研究所　谢和霞　江禹奉　吴翠荣　覃兰秋

程伟东　曾艳华　谢小东　周锦国　周海宇

（四十五）龙贵墨白玉米

种质名称：龙贵墨白玉米。

学名：玉米（*Zea mays* L.）。

采集地：广西壮族自治区上林县。

主要特征特性：该品种在南宁秋季种植，生育期106d，千粒重173.0g，果穗柱形，籽粒白色，马齿型，轴芯白色。经检测，该品种籽粒蛋白质含量为10.78%、脂肪含量为5.03%、淀粉含量为69.95%。该资源抗病性好，籽粒长。产量较高，适应性广。适应山区种植，减少种子成本与田间管理投入。

利用价值：墨白玉米从CIMMYT引进，于20世纪80年代开始在广西种植，是广西种植范围最广的群体种。1980—1993年在广西累计种植面积为107.46万hm²，是当时广西种植面积最大的骨干品种。经过30多年的不断演变和发展，在各种玉米杂交品种推陈出新与大面积推广的当下，广西大部分玉米主产区依然保留有墨白玉米品种。虽然有一些品种特性有退化的趋势，但是墨白玉米的广适性以及籽粒的优良品质，依然是用户选择留种的重要原因。农户根据自己的需求，不断地选种留种。这也是玉米种质资源就地保护最成功的案例之一。

龙贵墨白玉米

广西壮族自治区农业科学院玉米研究所　谢和霞　江禹奉　吴翠荣　覃兰秋

程伟东　曾艳华　谢小东　周锦国　周海宇

（四十六）新荣水生薏苡

种质名称： 新荣水生薏苡。

学名： 薏苡（*Coix aquatica* Roxb.）。

采集地： 广西壮族自治区靖西市。

主要特征特性： 该资源在南宁种植表现：株高331.8cm，单株茎数8.2个，茎粗1.38cm，籽粒着生高度242cm，苞果长0.97cm、宽0.67cm，根系发达，茎淡红色，茎秆髓部蒲心海绵质地无汁、气孔发达，柱头紫色，雄小穗无花药，苞果黄白色珐琅质地，但苞果内无果仁空粒，此为雄性不育水生薏苡。当地农户认为该资源为"鬼禾"，高秆粗壮，耐涝，抗病虫，有消暑清热的作用。

利用价值： 做亲本材料或遗传学研究。利用水生薏苡植株高大，雄性不育株，培育薏苡不育亲本进行杂交组配，培育壮秆优质高产的薏苡杂交品种。水生薏苡根系发达茎秆粗壮，又能在水中生长，在河边、溪边、水库边种植有固土作用。海绵体通透性强，能大量吸收水体中的富N、P，使水体得以净化。水生薏苡嫩茎叶是牛羊的好饲料和鱼的饲料。苞果壳可做钮扣、手镯、碗碟家用垫等，茎秆可编织手提篮筐等工艺用品。根煮水食用可去蛔虫，叶煮水食用可消暑、暖脾胃、益气血等。

水生薏苡　　　　　　水生薏苡异地种植　　　　　水生薏苡的根茎

广西壮族自治区农业科学院　覃初贤

（四十七）华东葡萄

种质名称：华东葡萄。

学名：华东葡萄（*Vitis pseudoreticulata* W. T. Wang）。

采集地：广西壮族自治区桂林市临桂区。

主要特征特性：葡萄白粉病和霜霉病等严重影响了葡萄产业的发展，作为世界上最重要的葡萄属植物起源中心之一，我国拥有很多葡萄野生资源，并对白粉病有较强的抗性。尤其是中国野生华东葡萄由于高抗白粉病、霜霉病和黑痘病，是葡萄抗病育种的珍贵资源。

利用价值：通过基因定位，西北农业大学从华东葡萄高抗单株白河-35中筛选出多个抗病位点，为抗性育种打下良好基础。经过室内接种鉴定，此次收集到的江洲华东葡萄对白粉病和霜霉病的抗性表现中等，但是广西具有丰富的华东葡萄和毛葡萄资源，从中应能找到抗病性强的优异资源。

华东葡萄

广西壮族自治区农业科学院葡萄与葡萄酒研究所　黄羽

（四十八）刺天茄

种质名称：刺天茄。

学名：刺天茄（*Solanum violaceum* Ortega）

采集地：广西壮族自治区西林县。

主要特征特性：株高156cm，株幅104.7cm，叶形长卵形，叶长16.7cm，叶宽17cm，无叶刺，花冠紫色，果实橘红色，果实纵径0.9cm，横径1.0cm，单果重0.8g。

利用价值：为野生自然生长，无食用价值。长势旺盛，无刺型野生茄子，高抗青枯病、黄萎病及绵疫病，可用作嫁接砧木进行开发利用。

刺天茄

广西壮族自治区农业科学院蔬菜研究所　甘桂云

（四十九）早熟紫云英

种质名称：早熟紫云英。

学名：紫云英（*Astragalus sinicus* L.）。

采集地：广西壮族自治区隆安县。

主要特征特性：固氮、早熟，比市场销售的品种同期提前成熟30d。

利用价值：晚稻收获后自然生发，早稻种植前结荚落籽。解决双季稻区翻压还田留种难的问题，实现带荚翻压自繁种技术的突破，达到一次播种多年利用的目的，省工节本，是优异的绿肥资源。

紫云英作为一种最清洁的有机肥料，有改土培肥、减施化肥、改善生态环境、提高农产品品质的作用，后期种植水稻可减少化肥施用20%～40%。同时，紫云英也是一种景观、蜜源和菜用植物，利用冬闲田种植紫云英，将绿肥种植与乡村旅游相结合，充分发挥紫云英的综合效益。

采集的早熟紫云英样本　　　　　　　田间生长情况

广西壮族自治区农业科学院农业资源与环境研究所　李忠义　韦彩会

（五十）直立型饭豆

种质名称：直立型饭豆。

学名：饭豆［*Vigna umbellata*（Thunb.）Ohwi et Ohashi］。

采集地：广西壮族自治区河池市都安瑶族自治县和来宾市忻城县。

主要特征特性：株型直立、株高50～70cm，抗病毒病和叶斑病、耐贫瘠。饭豆多属于蔓生类型资源，直立型资源缺乏。

利用价值：这些优异的直立型饭豆资源很适合与果园等作物间套种，覆盖果园林下裸露的土地，抑蒸保墒、防治水土流失、防止杂草滋生，减少投入，增加收入，用地养地相结合，是多年来专家需求的资源。

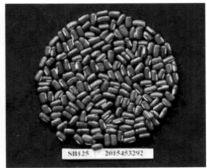

都安瑶族自治县直立型饭豆资源

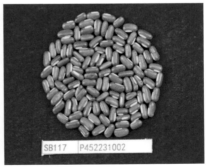

忻城县直立型饭豆资源

广西壮族自治区农业科学院　罗高玲　李经成　陈燕华

（五十一）直立刀豆

种质名称：直立刀豆。

学名：刀豆［*Canavalia ensiformis*（L.）DC.］。

采集地：广西壮族自治区龙胜各族自治县。

主要特征特性：直立、株高70~100cm，耐贫瘠、较耐荫蔽、耐旱性强、耐涝性强、根系入土深、结瘤性好。

利用价值：刀豆多为攀援性很强的蔓生类型，直立型刀豆资源很少。直立型刀豆很适合与甘蔗、柑橘果园等作物间种作覆盖作物。

直立刀豆植株、荚及籽粒

广西壮族自治区农业科学院　罗高玲　李经成　陈燕华

（五十二）贺州香芋

种质名称：贺州香芋。

学名：芋［*Colocasia esculenta*（L.）Schott］。

采集地：广西壮族自治区贺州市八步区。

主要特征特性：株高130~160cm，生长期200d左右，亩产1 500~2 000kg；球茎纺锤形，表皮黄褐色，横切面灰白色，具有明显的紫红色槟榔花纹，以其"味美、质粉、酥香"而闻名，是贺州黄田扣肉的原料。经检测，每100g成熟球茎主要营养成分为：淀粉23g，蛋白质2.59g，粗纤维2.54g。

利用价值：该品种香味浓郁，蒸煮后不易松散，可作为高品质、加工型品种选育的亲本。

贺州香芋

广西壮族自治区农业科学院生物技术研究所　何芳练

（五十三）九节黄

种质名称：九节黄。

学名：玉米（*Zea mays* L.）。

采集地：广西壮族自治区天等县。

主要特征特性：在南宁种植，生育期92 d，全株叶21.0片，株型披散，株高237.2cm，穗位高117.6cm，果穗长17.4cm，果穗粗4.3cm，穗行数12.6行，行粒数36.0粒，出籽率84.7%，千粒重256.3g，果穗柱形，籽粒金黄色，硬粒型，轴芯白色，秃尖少。田间记载该品种感纹枯病、中抗南方锈病，检测其籽粒蛋白质含量为12.48%、脂肪含量为4.11%、淀粉含量为68.64%。

利用价值：该品种籽粒外观品质较好，出籽率较高，比较耐旱、耐贫瘠，产量比较高（产量一般可达6 000kg/hm²），可直接应用于生产；也可用于品种选育中的种质改良与材料创制。该品种籽粒主要用作饲料，当地也用作主粮，用于煮制玉米糊食用，口感好。

九节黄

广西壮族自治区农业科学院玉米研究所　覃兰秋　江禹奉　吴翠荣　程伟东

谢和霞　曾艳华　谢小东　周锦国　周海宇

（五十四）灵川生姜

种质名称：灵川生姜。

学名：*Zingiber* sp.

采集地：广西壮族自治区灵川县

主要特征特性：株高119cm左右，分枝较多，花蕾椭球形，姜浅蓝色、呈3层排列，高抗生姜毁灭性病害——腐烂病，经鉴定为免疫型大型肉姜资源，高产稳产，亩产高达5 100kg。

利用价值：地方优良品种，可作为抗病、高产优异育种材料。

灵川生姜

（五十五）南亚1号苹婆

种质名称： 南亚1号苹婆。

学名： 苹婆（*Sterculia nobilis* Smith）。

采集地： 广西壮族自治区龙州县。

主要特征特性： 南亚1号苹婆，梧桐科苹婆属乔木，又名频婆、九层皮、凤眼果、七姐果和潘安果等。苹婆树作为原产我国南方的乡土树种，无论在石山或土山的谷地甚至山坡上的石穴土上都能生长良好，具有生态适应性广、抗病虫害强、繁殖和遗传改良材料丰富等多方面的优势。

利用价值： 苹婆以煮熟种子食用为主，味如板栗，风味怡人，在广东常用于名菜佳肴的烹饪；如凤眼果焖鸡、凤眼果烧肉等，被列入"岭南名菜"。苹婆全身是宝，树皮中含有大量纤维，常用作人造棉、麻袋、绳索和造纸的原材料，且富含黄酮类物质，其对金黄色葡萄球菌、大肠杆菌和枯草芽孢杆菌均有一定的抑制作用；树液中所含树胶，是用途广泛的工业原料；树皮富含纤维，可制作麻袋；苹婆叶大如掌，是包糍粑的好材料；果壳可用于治疗中耳炎、血痢、疝气和痔疮；种子除可食用外还可入药，有温胃、杀虫、明目、壮阳等功效。

南亚1号苹婆树

南亚1号苹婆花

　　苹婆能在钙质土和酸性土的岩溶区生长，是良好的经济林木，同时还具有恢复和改善生态环境的功能，可以治理石山地区石漠化，也是极具开发价值的木本粮食植物和热带干果类果树资源，是缺少土地资源的石山贫困地区实施短期产业脱贫及长期生态治理相结合的首选优良树种。

广西南亚热带农业科学研究所　周婧

（五十六）南亚4号木奶果

　　种质名称：南亚4号木奶果。

　　学名：木奶果（*Baccaurea ramiflora* Lour.）。

　　采集地：广西壮族自治区龙州县。

　　主要特征特性：木奶果为大戟科木奶果属乔木。果肉酸甜可口，香气怡人，口感嫩滑，既可以鲜食，又可以加工为果料、果醋、果酒、果脯及果酱等。木奶果喜湿耐阴，很少发生病虫害，基本不需要施用农药，是一种生态和谐型的水果。

南亚4号木奶果结果状

　　利用价值：木奶果是一种极具开发潜力的野生水果，果实富含维生素C、总糖及多种人体所需的微量元素，既可以鲜吃，又可以进一步加工为果汁和果酒。调查发现，木奶果有红色、紫色、黄色、白色等多种果皮颜色，具有浓郁的地方特色，同时木奶果的单株产量达50～300kg，可以带来很好的经济效益。在传统上，除了鲜食以外，本地农民常用木奶果的根和果实来治疗肺气不降、喘咳、痰稠、胸痞、足癣、稻田皮炎等疾病。

南亚4号木奶果果皮及果肉

　　木奶果是一种典型的老茎生花结果植物，具有特殊的园林景观开发价值。木奶果树形优美，其果实颜色有青色、白色、淡黄色、粉红色、紫红色等，果形有球形、长卵形、橄榄形等多种形状，结果时累累密布于老枝上，是园林造景中果干同赏的理想选材。

广西南亚热带农业科学研究所　周婧

（五十七）南亚VN1桄榔

　　种质名称：南亚VN1桄榔。

　　学名：桄榔［*Arenga pinnata*（Wurmb.）Merr.］。

采集地：广西壮族自治区龙州县。

主要特征特性：桄榔，棕榈科槟榔亚科桄榔属，乔木状。

具备适于在喀斯特地貌生长的特性。桄榔是不需要中耕、除草就能正常生长，是一种可以和亚热带丛林兼容的粮食作物。桄榔树的须根可以深深地扎入岩缝之中，发挥固土保水作用。

利用价值：桄榔粉作为广西壮族自治区崇左市龙州县的特产，是龙州县的"三宝"之一，当地农民老少皆知，家中常备有桄榔粉，用于加糖冲泡稀煮当饮品喝，或制作糕点美食等。

桄榔粉由桄榔树的髓心加工而成，含膳食纤维高达5.7%，既可食用又可作饮料。桄榔具有的食用价值源远流长，据可查资料记载，早在1 700多年前，人们不仅仅知道桄榔可食用，还可以进一步加工成为食品。张华在《博物志》中写道："蜀中有树名桄榔，皮里出屑如面，用作饼食之，谓之桄榔面"，因此，桄榔作为农作物具有巨大的发展潜力。

桄榔子的药用功效最早追溯到宋代，首载文献为《开宝本草》，桄榔子常见功效是具有活血祛瘀、消食化积的作用，用于妇女血脉阻滞之月经不调、经行不畅、小腹胀痛、产后瘀阻腹痛、恶露不尽、食积不化、消化不良、脘腹寒痛等症。桄榔粉作为药食同源中药最早追溯到东汉，首载文献为《后汉书》。经考证桄榔粉确有"补益虚羸损乏""温补""久服轻身辟谷"等药效，民间临床多有应用。

广西壮族自治区崇左市龙州县水口镇旧街桄榔粉加工量约300t/年，产值1 500万元以上。桄榔粉加工产业在助力当地脱贫致富、乡村振兴、产业振兴中发挥着积极的作用。

南亚VN1桄榔树

广西南亚热带农业科学研究所　周婧

二、资源利用篇

（一）容县沙田柚资源的收集及利用

沙田柚［*Citrus maxima*（Burm.）Merr. cv. *shatian* Yu.］属芸香科、柑橘属植物，乔木。嫩枝、叶背、花梗、花萼及子房均被柔毛，嫩叶通常暗紫红色，嫩枝扁且有棱。叶质颇厚，色浓绿，阔卵形或椭圆形。果梨形或葫芦形，果顶略平坦，有明显环圈及放射沟，蒂部狭窄而延长呈颈状，果肉爽脆，味浓甜，但水分较少，种子颇多。果期10月下旬以后，属中熟品种。沙田柚因广西容县沙田村最先种植故称作沙田柚。

1. 分布状况

容县各乡镇历史上都有沙田柚栽植，其中种植较多的有自良、县底、松山、容州、十里、浪水镇等。为保护好容县沙田柚老树的种质资源，为日后沙田柚的优质、高产、抗病育种提供宝贵的基因源，在第三次全国农作物种质资源普查与收集行动中，广西壮族自治区农业科学院园艺研究所联合广西容县沙田柚试验站、容县农业科学研究所在沙田柚成熟期对容县沙田柚老树开展调查与资源收集。通过调查发现，《容县志》（1991年版）中记载的十里镇大鹏村冲口队罗传振户的老柚树（1989年为153岁），此树已于2004年干枯。目前，自良镇、浪水镇、十里镇、六王镇、松山镇等仍然保存有百年沙田柚树。仅自良镇百年老柚树就有43株，其中分布较多的是中平、古济、大里村，中平村大平队就有6株。对自良镇中平村大平队、自良镇大里村、自良镇古济村木古队、自良镇扶冲村竹瓦队、浪水镇浪北村大坝队、十里镇六萃村六社队、六王镇六槐村二十五队、松山镇沙田村木兰塘队等8个点的沙田柚老树进行了定位、拍照、树体信息收集以及资源采集，采集了老树的枝条、叶片和果实，对叶片、果实进行拍照，对果实进行果品分析，大部分老树均能保持良好的结果特性，丰产稳产，且果形美，果实大小适中，糖酸比高，风味佳，也有部分因管理不善，疑似感染黄龙病，结果量少，且果实变小、风味变差。

2. 特征特性

容县沙田柚丰产稳产，树龄约98年，树高约7m，冠幅8.5m×8.2m，结果数量约287个。果树性状：平均单果重1.036kg，可溶性固形物11%，果肉颜色淡黄色、少数带红色，果汁含量较一般，口感甜少数带苦味，单株产量150kg左右，亩产3 000～4 000kg；果实单胚，可用做杂交育种母本；果大形美，单果重1 000～1 500g，果面金黄色，果肉虾肉色，汁饱脆嫩，风味独特，具有特殊的蜜香味，糖酸比高，口感好，深受人们喜爱；果实耐贮藏，在自然条件下，果实可贮藏150～180d，贮后风味尤佳，有水果珍品"天然罐头"之美称；果肉不干水，不会出现汁胞粒化现象；相对其他宽皮柑橘和甜橙，对黄龙病的耐病性更强。

3. 利用价值

营养价值：沙田柚所含的糖类主要是果糖，可被人体直接吸收、利用。其皮可加工凉果蜜饯，也可制作菜肴，名菜"柚皮扣"即有"雪盖五层楼"之美誉。

药用价值：果肉性寒，味甘，有止咳平喘、清热化痰、健脾消食、解酒除烦的作用。果皮性温，味苦、辛，有理气化痰宽中、健脾消食、散寒燥湿的作用。果表皮、柚叶含挥发油，有消炎、镇痛、利湿、提神醒脑等功效，治乳腺炎、关节疼痛和头风病等病症。

容县沙田柚发源地的容县松山镇沙田村，以发源地睦兰堂原有的贡柚老柚树为基础，代代相传种植。从20世纪80年代发展培育沙田柚苗，育苗方式采用圈枝法（驳枝），由于苗木供不应求，在90年代中期，育苗方式改为芽接法，加快了育苗进度，形成了区内有名的沙田柚种苗繁育专业村，它和相邻的石扶村、三和村作为主要育苗基地培育沙田柚苗供给广东省梅州市，数年内供应的苗木造就了广东梅州市连片20多万亩沙田柚产业，并创立了"梅州金柚"名牌柚业。近年，彭志在该村承包近千亩山地，创立"贡果沙田柚种植有限公司"，对发展当地沙田柚业及产业扶贫起了带动作用。

自良镇古济村枯队叶金龙户的百年老柚树，经过100多年的发展扩大种植，在该队种植此老母树品种的面积已达1 000多亩（传播到其他县、镇、村的尚未统计），极大地促进该村沙田柚产业的发展。罗传振家的老柚树作为大鹏村及相邻村、镇沙田柚发展的母树，经代代相传，20世纪90年代，仅大鹏村就已种植近1 000亩，成为当时沙田柚种植面积较多的村之一。当时的县委、县政府以该村作为发展沙田柚的典型，数次在该村召开容县林果业的现场会，为促进全县沙田柚产业的发展起了示范带动使用。

4. 下一步计划

新中国成立初期容县的沙田柚产业为3万多株，产量310t。在历届县委、县政府的正确领导下，经过几代人的努力，历经近70年发展，到2017年容县沙田柚种植面积已超21万亩，年产量超过22万t，产值超过18亿元。以其独特的蜜香味吸引国内外客商，推动着该产业的持续发展，成为容县农村经济的支柱产业之一，也是当前产业脱贫的重要门路。

容县沙田柚产业的发展与当地长期挖掘利用容县沙田柚种质资源有关。今后要深化发掘和利用现存的百年老柚树种质资源。①对前辈遗留下来的宝贵百年老柚树加强保护，为日后沙田柚的优质、高产和抗病育种提供宝贵的基因源；②利用百年老柚树的优势培育新品种，促进沙田柚产业健康持续发展；③百年老柚树对黄龙病耐病性较强，利用这一特点，挖掘黄龙病抗性相关基因；④百年老柚树有悠久的历史文化，利用其历史文化发展旅游业。

自良镇古济村木古队百年沙田柚树

浪水镇扶冲村竹瓦队百年沙田柚树

自良镇古济村木古队百年沙田柚树果实

自良镇大里村大一队百年沙田柚树果实

广西壮族自治区玉林市容县农业科学研究所　张尧良　董伯年　何东模
广西壮族自治区农业科学院园艺研究所/农业部南宁南亚热带果树科学观测实验站
刘福平　廖惠红　王茜　邓铁军　陈东奎

（二）小香葱　大产业

——记广西地方特色香葱品种

香葱又名小香葱、细香葱、四季葱等，属百合科葱属植物，学名：*Alliuma schoenoprasum* L.，其鳞茎和嫩叶具有浓郁的辛香风味，具有杀菌、预防心血管疾病等功效。

香葱是制作美味菜肴不可或缺的佐料之一，尤其是对于广西的传统饮食米粉来说，广西拥有柳州螺蛳粉、桂林米粉、南宁老友粉等多种地方特色米粉，每一种粉在制作工艺和使用的原料上各有所异，但它们有一个共同点，香葱都是其重要配料之一。在吃粉之前撒上一把切碎的香葱，浓郁的葱香味与粉的滋味相交融，给味蕾带来全新的体验，可以说加了香葱的粉就如锦上添花一般。

广西柳州市柳江区拥有悠久种植香葱的历史，当地农民自留特别优良的地方品种有小米葱、大米葱和白头葱。小米葱的葱香味浓郁，葱管细小、硬度大、浓绿色，叶肉厚，株高39cm，假茎白色、长8cm，分蘖力强，亩产2 000～3 000kg，耐寒性好，不耐热，适宜10月至翌年4月种植，是冬季主栽品种；大米葱又名黑米、铁葱，葱管较粗大、长、浓绿色、硬度大，叶肉厚，株高45cm，假茎白色、长9.5cm，分蘖力强，亩产可达2 000～2 500kg，耐热性较好，适宜5—8月高温季节种植，是夏季主栽品种；白头葱的葱香味浓郁，葱管较小米葱大、绿色，高42cm，假茎白色、长达10cm，分蘖力强，亩产3 000～3 500kg，耐寒不耐热，适宜8—10月种植。

2004年以前，柳江区种植香葱的规模较小，种植较为零散。2005年开始，在当地政府的引导和经纪人、种植大户的带领下，香葱的栽培面积不断扩大，在三都镇里贡村、觉山村、龙兴村等村形成了香葱种植专业村。到了2009年，当地政府以香葱为主导产业，以科技创新为动力，以产业扶贫为特色，在柳江区三都镇建立"葱满幸福"香葱产业（核心）示范区。柳江的地方香葱品种品质优异，经过近十年的发展，核心示范区香葱的种植面积由原来的2 500亩发展到2017年的1.6万亩以上。目前在柳江区香葱复种面积达8万亩，产量达到10万t以上。这些香葱地方品种远销全国各地及东南亚国家，屡次获得殊荣，于2012年成为上海世博会特供产品，三都镇也成为广西5个供沪蔬菜基地之一；2014年香葱基地被列为第一批自治区级香葱标准化示范区；2015年三都镇里贡村荣获自治区人民政府授予的广西四季香葱村称号；2017年柳州市政府授予香葱基地市级农业（核心）示范区；2017年柳江区成为广西第一个，也是广西唯一一个全国蔬菜绿色高产高效创建示范县区。

柳江区香葱产业在扶贫中发挥重要作用，当地引进农业企业、专业合作社参与到香葱示范区建设，配合开展香葱的种植、收购等工作。通过实施"香葱助农脱贫"的扶贫工作模式，支持贫困户发展香葱产业，提供了大量的就业岗位，带动核心区内10多户贫困户、拓展和辐射区内600多户贫困户种植香葱，户均收入15 000多元，有效解决了贫困户稳定收入来源、可持续发展的产业问题，帮助他们迅速实现脱贫。2017年，香葱收购价最高达8元/kg、最低3元/kg，核心区平均每亩香葱产值达2.5万元，亩均新增产值5 000

元以上。整个示范区带动农户1.2万户，示范区农民人均增收700元以上，香葱总产值超10亿元。香葱生产已经成为当地农民经济收入的主要来源之一。

现在，柳江香葱产业示范区更加注重科技创新支撑产业发展，与广西农业科学院蔬菜研究所建立合作关系，组织12名专家成立香葱示范区标准化生产技术专家团队，对示范区内农民开展香葱种植技术培训，培训"土专家"和新型职业农民1 500余人次。为了获取更多优异香葱品种，示范区内筹建了香葱种质资源圃。目前，已从全国各地收集到香葱品种32个。同时建立了新品种、新技术、新模式试验示范基地，开展了新品种引选、"四季豆—苦瓜—香葱—香葱"等4种轮作栽培、香葱病虫害统防统治、基质栽培和富硒栽培等试验示范，并引进国内溯源ERP管理系统，建立香葱质量安全可追溯体系，实现"从农田到市场"的全过程监控，推动香葱产业提质增效。

随着香葱产业示范区的不断扩展，依托当地特色民居建筑和秀丽自然风光，利用当地特色文化，升级美丽乡村，发展休闲观光旅游，着力将柳江区"葱满幸福"香葱产业（核心）示范区打造成村容整洁、设施齐全、产业富民、生活幸福的宜居乡村，目前香葱示范区已成为市内中小学科普教育示范基地，市民郊游、采风的胜地。据不完全统计，仅2017年，基地就接待了11所中小学共1 500人现场参观、科普，接待自由行的游客达3万人。

"小香葱，大产业"，柳州市柳江区政府坚持创新、协调、绿色、开放、共享的

五大发展理念，积极转变传统农业发展方式，开发利用当地优良的香葱品种，将零散的种植户组合起来，建立香葱示范区，形成"一乡一业""一村一品"的城郊农业发展模式，通过香葱产业的发展带动周边农户实现脱贫致富，小小的香葱，创造出十亿元的价值，带动了当地贫困户脱贫，促进地方乡村振兴，"葱满幸福"香葱产业示范区让农民通过种植香葱地方品种，真正充满幸福。目前柳江区三都香葱正在开展国家地理标志保护产品申请工作，三都香葱品牌的创建将进一步促进柳江香葱产业的发展。

广西壮族自治区农业科学院蔬菜研究所　陈振东

（三）东兰县地方特色优良农作物品种资源保护挖掘

地方特色优良农作物品种资源属国家战略资源，是选育农作物新品种的基础材料，是地方脱贫致富的宝贵资源，做好地方特色优良农作物品种资源保护挖掘工作，是落实《中华人民共和国种子法》精神，加强种质资源保护工作的具体行动，也是把品种资源优势转化为产品市场优势的基础工作，对带动农民增收、促进乡村振兴具有重大意义。东兰县高度重视，精心组织，推进当地特色优良农作物品种资源保护挖掘工作有效开展。

1. 全面普查收集资源

通过查文献、访专家、走农家等多种方式，全面了解东兰县特色优良农作物品种资源情况具体品种有37个，同时填写《地方特色优良农作物品种资源情况调查表》，并适时科学收集好资源，拍摄照片，组织专家对其产地环境、农艺性状、商品经济性状、营养品质分析等进行综合评价。

2. 做好提纯复壮工作

对出现混杂、退化的地方特色优良农作物品种资源如墨米、粳米积极争取有关方面支持，2014年组织专家做好种子繁殖和品种提纯复壮工作，以保持其原有性状、特有品质。与农业科学院合作项目《医食兼用珍稀水稻东兰墨米的提纯复壮与品种改良》的主要内容：东兰墨米高产栽培技术研究，东兰墨米特色成分检测研究，东兰墨米提纯复壮，东兰墨米改良工作。合作审定一套地方标准《绿色食品（A级）　东兰墨米生产技术规程》、合作选育东兰墨米新品种，争取通过3～4年的时间，选育一个可以提交区域试验的新品种，创新东兰墨米，选育非糯优质稻黑米品种，选育口感和米质非常好且糙米为黑色的优质稻，采用八分米的加工工序，生产日常餐桌的高端米。黑米色素和抗衰老成分提取。

3. 做好展示示范工作

东兰县结合农作物品种展示示范工作，加大当地特色优良农作物品种的展示示范力度，积极推动地方特色优良农作物品种在当地的现代特色农业示范区展示示范，进一步扩大种植规模，千方百计扩大其影响力。

（1）建立东兰县优质富硒墨米产业（核心）示范区。该示范区位于广西河池市东兰县西南部的兰木乡，距离县城32km，距离河百高速武篆出口8km，895县道公路贯穿而过，交通便利，区位优势显著。核心区分布在兰木乡的定桃村、纳核村、同仕村、弄台村，总面积3 700亩，规划建设项目有优质富硒米生产基地、稻田综合利用示范区、现代精品农业示范区、核桃高效套种示范区、综合服务中心、核心区基础设施建设、生态乡村建设和其他配套专项项目等八大类，共38个子项目，计划总投资3.48亿元。

示范区于2014年8月启动创建，以生态富硒东兰墨米和富硒优质兰木米为主导产业，以种植核桃、高淀粉红薯及养殖东兰黑山猪为辅助产业。东兰墨米、东兰黑山猪分别于2015年、2016年获得国家地理标志农产品登记。

示范区按绿色食品生产操作规程进行标准化生产，提高种植科技含量，提升红粳米的产量和品质，实行连片开发种植，生产效益辐射范围得到进一步扩大，成为初具规模的连片种植红粳米基地。示范区采取"公司+合作社+基地+农户"的产业化经营模式。目前，示范区的经营主体主要有4家公司、7家农民专业合作社及1家家庭农场参与示范区建设，形成经营组织化格局。通过示范区的有效带动作用，带动了核心区2 984户、拓展区8 552户发展富硒农业产业，有效解决了示范区545个贫困户产业发展难的问题。2016年，示范区（核心）农民人均可支配纯收入达8 187.7元，比拓展区高11.2%，比辐射区高18.7%，比所在兰木乡高22.3%。

示范区推行"五化"建设标准。一是实现经营组织化。示范区共引进和培育龙头企业4家、农民专业合作社7家、家庭农场1家，经营不同产业板块和不同生产环节。二是实现装备设施化。生产区道路、机耕路网、水利设施等基础设施完善，农机田间作业机械化程度达到92.19%，整地、播种、中耕机械作业达到100%，机械收获及烘干加工达到90%以上。三是实现生产标准化。采取间套种植模式，应用优良种、精量点播、节水灌溉、生物防治、绿色植保、全程机械化等水稻标准化生产技术，建成富硒优质东兰墨米1 700亩、富硒优质兰木米1 500亩。同时，建立生产档案制度、产地准出制度和产品质量安全追溯制度等各种制度；东兰墨米、东兰墨米酒、东兰黑山猪已经获得国家地理标志农产品登记；秸秆还田85%以上，冬种绿肥覆盖率100%。四是实现要素集成化。通过整合资金，集中投入示范区基础设施建设，引入经营主体投入，建立东兰墨米科研试验基地，成立科技指导团队，推广先进科学技术，开展土地流转等办法，将资本、技术、人才等现代生产要素向示范区汇聚。五是实现特色产业化。示范区以东兰特色产业东兰墨米为主导产业，推行产业化经营，注册了"兰木米""东兰墨米"等品牌商标，开发出壮乡墨米酒、东兰红墨米酒、墨米速食粉、墨米粥、墨米饮料等系列产品，在国内外市场上独占一席。

（2）推广示范措施。东兰墨米试验站2017年根据广西特色作物试验站建站工作任务书，一是抓好墨米试验站工作。抓好东兰墨米主栽品种'东墨1号'（暂定名）高产示范栽培，从2016年选育出的东兰墨米1号粳糯型品种中，建立高产示范田5亩，摸索高产栽培技术，经过秧田施用壮秧剂、多效唑处理培育多蘖壮秧，本田起畦插秧，实行浅水灌溉、干干湿湿交替，亩施用硅肥25kg、钾肥20kg，提高茎秆硬度和抗倒伏能力，对稻瘟病进行预防为主等措施。经实割验收4.07亩，收干谷1 255kg折亩产284kg。二是抓好东兰墨米品种高产栽培技术推广应用。在抓好试验站工作的同时，发动试验站周边218农户，通过间种连片种植墨米面积400亩，向农户推广墨米高产栽培技术，并无偿发放每亩25kg复合肥，经过验收，间种的亩增收40kg，亩产值300元，纯种的亩产200kg，亩产值1 200～1 600元。三是继续开展墨米品种选育与品比试验。继续对东兰墨米进行选育、繁育，为2018年全县大力种植东墨1号提供高纯度的种子，同时对早稻墨米、晚稻墨米进行品比试验，现已收集到的两个品种，具有发展潜力。

（3）2018年继续开展东兰墨米主栽品种示范推广。建立100亩东兰墨米主栽品种高产示范片武篆、兰木、东兰3个，产量达400kg/亩；继续开展东兰墨米高产、绿色、有机栽培技术示范推广；东兰墨米品种的高产栽培技术推广8 000亩，分布于东兰、武篆、兰木、长江、三石、隘洞、大同等七个乡镇；建立东兰墨米绿色、有机栽培基地1 000亩，其中东兰镇250亩、切学乡150亩、兰木乡200亩、长江镇200亩、大同乡200亩；以品种和技术为依托，支持企业对东兰墨米进行产业化开发；对东兰墨米黑色基因进行分子定位；获得与东兰墨米黑色基因紧密的SSR分子标记1～2个；配合东兰县委、县政府开发东兰食品工业园，引进企业对东兰墨米进行产业化开发，对企业提供墨米来源；继续开展品种改良工作。

4. 做好品种宣传工作

东兰县认真学习先进经验，创新宣传形式、加大宣传力度、延伸宣传深度，充分挖掘当地特色优良农作物品种的历史文化内涵，突出其安全营养、健康长寿以及特殊风味等亮点，讲好品种故事。

墨米，一种黑色糯米，壮话叫"候墨"，因其谷壳、米粒内外均为紫黑色而得名，原产于东兰县，又称东兰墨米。它是东兰县高寒山区野生墨谷经农家长期选育而成的一属珍稀稻种，富含苏氨酸、赖氨酸、硫胺素等丰富的营养物质。

《本草纲目》及古籍药典详有记载："墨米有滋阴补肾，健脾温肝，益气补血，生津润胃，活筋壮骨，利便止泻，抗衰保颜"等功效，有"药米""月子米"之称。东兰民间常用墨米酿造甜酒、炒食或煮粥，作产妇、病弱者及老年人的滋补食物，还用于治疗跌打损伤，辅助治疗贫血、月经不调、胃痛、慢性腹泻等疾病。东兰墨米富含原花青素、硒元素，长期食用，有延年益寿之功效；是世界长寿之乡医食同源之珍品，东兰91位百岁老人长寿秘籍中，"药米"功不可没。

根据检测，东兰墨米中蛋白质含量达9.31%，含有18种氨基酸，总量达7.2%，粗蛋白、粗脂肪、硫胺素、核黄素及矿物营养元素均高于其他稻种。维生素B_1和维生素B_2含量比普通稻米高2倍和9倍，原花青素含量高达982mg/100g，为粮中之珍品。

东兰墨米的营养丰富，风味独特，特别是墨米中含有丰富的水溶性原花青素和硒元素，它们对人体具有多种医疗保健功效，墨米及其加工品早已得到市场的认可，价格稳步上升，市场上东兰墨米16～20元/kg。目前，以东兰墨米为原料加工产品主要有墨米酒、速食粉、墨米粥、墨米饮料等，在国内外市场上备受欢迎，属于紧俏产品。

间种的东兰墨米（已抽穗）

东兰墨米生境

东兰墨米是东兰县的特色产品，经过近些年的培育和发展，目前全县墨米种植面积3万亩，已申报为地理标志保护产品。墨米酒作为墨米主要加工产品之一，常年供不应求，亦通过地理标志保护产品的申报，常被用作贵宾酒。

5.做好品牌打造工作

东兰县深刻把握当地特色优良农作物品种的产地环境、历史文化、资源禀赋，注重挖掘其特质、特点，突出品牌建设的深厚内涵，突出差异性，追求高品质、进军高端市场、提升品牌价值，实现高效益。坚持走品牌化道路，加速特色产业化。注册了"兰木米"大米、东兰墨米等品牌商标，注册东兰特色农产品微商店，采用"互联网+"销售东兰特色农产品。同时，"兰木米"合作社还按照"以东兰富硒墨米和东兰富硒粳米生产种植为主，稻谷加工、大米销售、农耕文化体验、乡村休闲旅游共同发展"的定位，拓展示范区科普、教育、休闲、观光等功能。

6.特色优良农作物品种资源

东兰县特色优良农作物种质资源有37个，其中：东兰县本地特色玉米有本地白、本地黄、白马牙、糯玉米；东兰县特色墨米品种有英法墨米、东兰灰皮墨米、东兰墨米一号、长江墨米、切学墨米、大同墨米等；东兰县特色粳稻有8种，分别是东兰有芒红粳米、长乐有芒红粳米、东兰无芒红粳米、候乜闷、候仙哈（兰木粳米）、候仙龙、英法粳稻、候棕马；东兰县特色糯稻有英法糯米、大同小糯稻、大同糯稻米；东兰县特色杂粮主要有糯旱谷、饭豆、豇豆、鸭脚粟、小米、糯小米、荞麦、高粱等。这些在当地种植多年的水稻、高粱、谷子等地方品种为农民增产增收做出了重要贡献。

7. 相关建议

第一，稳定基本农田，保障地方特色优良农作物品种生产基地。耕地是粮源之基，保证足够的粮食生产面积，稳定地提高地方特色优良农作物品种生产能力，确保东兰县粮食安全。

第二，建立政策体系，提高政策保障。要加强农业基础设施建设和对地方特色优良农作物品种生产的投入政策，下大力气加强农业基础设施特别是农田水利设施建设，稳步提高耕地基础能力和产出能力。要构筑以地方特色优良农作物品种为中心的产业化加工、储运设施建设扶持力度，对粮油批发市场、仓储设施、物流配送等提供政策资金支持。提升特色农产品的附加值，增加农民收入。

广西壮族自治区东兰县农业局　陈建相

（四）小种子　大世界

—— 广西玉米地方品种资源的普查与收集

优良种子是作物丰收的前提。由于玉米杂交种具有更高的产量，现在的玉米生产已经基本使用商业杂交种。然而，在广西南宁市马山县古寨乡古寨村上古拉屯，一个以瑶族为主的少数民族聚集山区，村民们仍然坚持使用祖祖辈辈流传下来的玉米地方品种。在当地，玉米糊是一种家家户户都喜欢，并且经常食用的主要食品。由当地流传下来的玉米地方品种制成的玉米糊，入口柔顺，清香四溢，健康营养。特别是在炎热的夏天，黄玉米做成的金黄透亮的玉米糊是每日餐桌上的主食，是当地人的最爱。这些具有独特风味的玉米地方品种，在商业杂交种的冲击下，村民们却一直坚持保留，除了因为习惯了地方品种的口感，还有一种割舍不下的情怀。

当地村民用于制作玉米糊的玉米地方品种主要是古寨本地黄，具有产量高、抗性和适应性强等优点。除此之外，墨白玉米、小芯白和本地糯玉米等玉米地方品种在当地仍有零星种植。作为当地珍贵的作物种质资源，这些玉米老品种与村民们的生产生活息息相关。在现代优良玉米杂交种全面推广应用的潮流中，村民们坚持留存玉米地方品种的这份感情，是时代发展下的一个缩影。在全国第三次农作物普查与收集行动中，这样的例子并不鲜见。上古拉屯村民的朴素坚守，与国家种子政策不谋而合，都努力想把大自然的馈赠延续下去，给未来创造无限可能的世界保留一粒种子。小小的一粒种子，是保证这个丰富多彩的大世界得以健康快速发展的物质基础。

村民在种植玉米地方品种的过程中，由于单户种植面积小，留种群体狭窄，导致这些玉米地方品种发生不同程度的退化，产量降低，对病虫害的抗性也不如从前。从2000年开始，村民在广西壮族自治区农业科学院玉米研究所科研人员的帮助和指导下，开始对玉米地方品种进行生产力恢复和接力改良。经过几年的努力，维持了古寨本地黄和墨白玉米的优质、高产和抗病的优点。同时，村民兰爱美和兰金元，尝试用墨白玉米作母本，与父本古寨本地黄杂交，选育出品种间杂交种"墨白古寨本地黄杂"。虽然不是现代意义的杂交种，但村民们在种植这个品种后，认为该品种综合了古寨本地黄和墨白玉米的优势特征，产量高，抗性好，特别是对当地生产条件的适应性强，得到当地村民的认可，自2013年开始在当地农户中流传，并常年保持一定的制种和生产面积。2013—2018年，参与该品种制种的农户从2户增加到21户，共计63户次，累计制种面积达到15亩。在生产上使用该品种达到137户次，累计播种面积达到143亩。其中，2018年21户共制种4亩，59户村民种植了103亩，亩产量达到250～350kg。

　　"一场暴雨水涟涟，三天无雨地冒烟"，是当地气象灾害的真实写照。2015—2018年，连年发生强台风和强降雨，对当地玉米生产造成巨大的损失，商业杂交种也基本绝收。当地生产上表现较好的玉米种子售价达到35元/kg是农户选择了自主生产的"墨白古寨本地黄杂"杂交种的主要原因，在节省种子费用的同时，该品种比商业种早熟，可早种早收，避开后期干旱对玉米产量的影响。

墨白玉米（马山古寨）

古寨本地黄（马山古寨上古拉屯）

品种间杂交种

墨白古寨本地黄杂交种种植农户

　　玉米地方品种是几百年以来在自然和人为干预下不断形成的具有独特地理、气候、人文特色的区域性品种资源。不同的玉米地方品种，外观上具有不同的性状特征，本质上是因为有不同的等位基因。在玉米杂交种强势推广的时代背景下，玉米地方品种一方面受到杂交种的冲击，品种数量和种植面积急速减少，意味着国家玉米基因资源多样化的快速缩减。另一方面，玉米作为常异花授粉作物，即使有些地方农民仍然保留玉米地方品种，但是受大面积推广玉米杂交种的影响，造成玉米地方品种种性发生变化，甚至导致部分玉米地方品种丢失，迫切需要对目前仍然种植的玉米地方品种进行抢救性收集保护。

"第三次全国农作物种质资源普查与收集行动"是继1956—1957年和1979—1983年两次农作物种质资源普查与收集行动之后的第三次大规模、全覆盖式的农作物种质资源调查与收集。在这次行动中，调查人员既经历了调查和收集种质资源时"踏破铁鞋无觅处"的失望和无奈，也经历了"山重水复疑无路，柳暗花明又一村"的惊喜。越是路途艰难的偏远山村，越有可能发现农户留存的玉米地方品种。

小种子，大世界。通过这次行动，可以看到，农民在保护玉米地方品种资源中做出了一定的贡献和努力，很大程度上保持了我国种质资源的生物多样性，为我国开展更深入的玉米地方品种资源保护与利用发掘优良基因，为国家玉米科研与产业的发展做出了重要贡献。

广西壮族自治区农业科学院玉米研究所　谢和霞　江禹奉　吴翠荣　覃兰秋

程伟东　曾艳华　谢小东　周锦国　周海宇

（五）抗黑穗病甘蔗野生近缘植物资源——富川河八王

广西是中国最大的糖料甘蔗生产基地和食糖生产中心，甘蔗种植面积和食糖产量均超过全国的60%，广西糖业稳定发展对保障我国的食糖持续稳定供应有着举足轻重的作用。目前，广西主栽品种新台糖22号由于黑穗病平均发病率达30%，严重影响产量，急需新品种更新换代。抗病育种最经济有效的方式就是选育抗病品种。现代甘蔗栽培种大多含有甘蔗属的热带种、割手密和印度种或中国种3个种以上的血缘，由于原始创新亲本不多，长期以血缘相近的材料为亲本进行杂交，造成后代异质性降低，很难选育出有突破性的甘蔗新品种。利用甘蔗与野生种质资源杂交创新种质，进而选育高产高糖和适应性强的新品种，是甘蔗育种者一直努力的方向。

河八王［*Narenga porphyrocoma*（hance）Bor］，又名草鞋密，是甘蔗近缘属河八王属（*Narenga*）植物，染色体数2n=30，多年生丛生草本，有根茎，植株高2～3m。具有耐旱、耐粗生，早熟，分蘖力强，抗黑穗病，抗赤腐病等优良性状。原产亚洲，我国长江以南包括广东、广西、海南、福建等省（区）都有分布。适宜生长在热带、亚热带山地瘦瘠红壤地区，耐瘠耐旱。

2016年9月，广西农作物种质资源采集队到贺州市富川瑶族自治县进行甘蔗资源采集工作，在麦岭镇新造村采集到一份河八王资源。形态特征：节间长15cm，上部较粗，象牙色，露光后深绿，蜡粉基线明显。根带宽7mm，无根点。生长带青黄色，窄而不明显。芽沟浅窄，芽长三角形，芽鳞厚，无蜡粉带，无气根，茎中空。叶片长121cm，宽1.9cm，叶上端较宽大，叶基狭窄，仅存中脉，中脉不发达，沿中脉边缘着生白色刚毛，叶缘锯齿锐利。叶鞘紧包茎，难脱落。叶舌三角形。叶耳缺。圆锥花序，紧缩，淡紫色，长28cm，呈蜡烛状。锤度17.0%。

2017年4月，我们对收集的这份河八王资源进行农艺性状与抗病鉴定，结果显示高抗黑穗病、赤腐病，耐旱，分蘖力强。进一步利用它做父本与优良甘蔗品种桂糖36号进行杂交，获得F_1材料136份，在F_1中选出锤度与农艺性状优良的材料20份进行抗黑穗病鉴定，获得高抗黑穗病材料15份，说明河八王抗黑穗病的性状可以遗传给后代。利用这些抗病亲本进一步杂交可以获得含河八王血缘的甘蔗抗黑穗病新品系，为广西甘蔗抗黑穗病育种提供优良亲本。

采集的富川河八王

广西壮族自治区农业科学院甘蔗研究所　段维兴　张保青

（六）众里寻他千百度——黄姚小黑豆

"风过黄姚添古韵，水经昭平带茶香。"黄姚古镇，这座位于广西贺州昭平县东北部的小镇，发祥于宋朝年间，已有着近1 000年历史。岁月沉淀下来的不仅仅有古朴的青砖蓝瓦、青石幽径、民族风情，更有让人垂涎的传统加工工艺——黄姚豆豉。

作为一个大豆育种工作者，对黄姚豆豉的名声早有所闻，但却从未谋面，尤其是听说用来加工黄姚豆豉的原料是一种当地祖祖辈辈流传下来的小黑豆，而只有用这种小黑豆加工出来的豆豉才能作为黄姚上等的豆豉。有幸遇到"第三次全国农作物种质资源普查与收集行动"，趁着这次机会，我们精心策划了种质资源普查收集的路线，黄姚镇作为一个重要的目的地。究竟黄姚小黑豆长什么样子呢？为何黄姚豆豉非要选它作为原料呢？怀着一个又一个关于黄姚小黑豆的疑问，我们踏上了路途。经过桂平—平南—昭平—黄姚三天的辗转，终于到了期待已久的黄姚，昭平县工作人员带领我们去参观了杨晋记豆豉庭院。还未踏进杨晋记庭院，就已闻到豆豉的清香，进入店中，货架上各种豆豉加工的产品琳琅满目，和店老板了解了一下，原来黄姚豆豉有着悠久的历史。

黄姚豆豉的历史可追溯至元末明初，据传康熙年间黄姚镇举人林作楫嗜好豆豉，曾背着豆豉去江西上任。当地流传着一首打油诗：县官爱豆豉，味道果然长。一餐没豆豉，下饭总不香。光绪年间，湖南举人邓寅亮游览黄姚。当地秀才林正甫以豆豉相赠。邓赋诗一首：姚溪土产淡豉香，羌丝豆豉作家尝。从此便成千里别，香飘楚粤永难忘。

民国时《昭平县志》对豆豉制作流程亦有详细记载，由于黄姚独特的地理环境，黄姚逐渐形成了一套成熟独特的淡豆豉加工技艺。黄姚豆豉以色泽鲜黑油润、颗粒完整、豉香郁馨、味道鲜美等特点闻名于世。

介绍完了黄姚豆豉后，老板拿出他们珍藏的宝贝——黄姚小黑豆，看到黄姚小黑豆的第一眼，倒是觉得它并没有什么与众不同之处。其籽粒偏小，百粒重12g左右，种皮光泽度较好，尤其在手里搓一下以后，乌黑发亮，宛若一颗颗珍贵的黑珍珠。随后老板拿了一些黄姚小黑豆和北方黑豆分别加工而成的豆豉给我们品尝，闻起来黄姚小黑豆豆豉的香气更加清爽一些，而北方黑豆豆豉香味中夹杂着一些杂味。品尝豆豉时，黄姚小黑豆入口，一股淡淡香味随之而来，咀嚼咽下后舌头根处有种甜甜的味道，而北方黑豆入口，有一股涩涩的味道，并且也没有甜味。这也是为何黄姚小黑豆做成的豆豉价格要高于北方黑豆豆豉几倍的原因。老板接着介绍，黄姚小黑豆具有600多年的历史，由于该种质皮薄、籽粒大小合适，做出来的黑豆豉豉香浓郁，入口有种清甜的味道，不仅口感好，营养价值也高。检测中心检测结果显示，黄姚小黑豆做出来的黑豆豉不仅氨基酸含量丰富，而且富含硒。只是当前黄姚小黑豆种植跟不上，供不应求，使得豆豉的加工每年还要从北方大量收购品质略差的黑豆来弥补市场的空缺。

跟老板讲明我们的来意，老板也很慷慨，直接拿出了三四斤的小黑豆给我们，于是我们赶紧分工，拍照、编号、填表。当然我们也用不了那么多，取了足够的种子后，把多余的小黑豆还给了老板。由于来的季节不适，未能亲眼看到黄姚小黑豆在当地的田间长势。

后来我们同杨晋记豆豉有限公司负责黄姚小黑豆生产的徐总取得联系，了解到黄姚小黑豆为黄姚豆豉加工企业抢手的原材料，但由于该种质产量相对较低，使得黄姚小黑豆产量远不能满足高品质黑豆豉的加工需求。据统计，黄姚豆豉产业90%以上的黑豆都来自北方。目前杨晋记豆豉有限公司在黄姚镇附近设有专门种植黄姚小黑豆的大豆基地，既在一定程度上缓解了优质黑豆原料短缺的问题，又带动了数个自然村的剩余劳动力就业，增加了农民收入，对扶贫脱贫起到积极的作用。如何在不改变黄姚小黑豆加工风味的基础上提高其产量，将是今后工作考虑的重点。徐总也表示希望在育种方面能与我们科研单位合作，选育出高产、适合豆豉加工的黑豆，为广西本土大豆产业发展、增加农民收入尽一份力量。

黄姚小黑豆

黄姚小黑豆种植基地

广西壮族自治区农业科学院经济作物研究所　陈文杰

（七）罗城葡萄种质资源

罗城仫佬族自治县，位于广西壮族自治区北部，河池东部，云贵高原苗岭山脉九万大山南沿地带。冬无严寒，夏少酷暑，气候温和，雨量充沛，光照充足，夏长冬短，四季分明，生物资源丰富。

罗城多山，土壤、光照、降水等自然条件适合野生毛葡萄的生长。罗城早在公元1884年就有关于野生毛葡萄的记载（道光二十四年《罗城县志·卷之三》），清初"一代廉吏"于成龙自公元1661年就任罗城知县伊始，得知当地百姓喜酒成风，糟蹋粮食，曾感叹："不知杯中之物为泪也"（于成龙《治罗自记并贻友人荆雪涛书》），于是劝民"广积粟"，以野果（即野生毛葡萄）代粟酿酒。还有史料记载，"于公廉正囊涩，善饮，得罗邑一野果土酿，遂以青菜佐之，谓之绝也"（《于成龙治罗轶事》），于成龙因此在罗城得名"于青菜""于葡萄酒"。1928年5月，著名植物分类学家秦仁昌在罗城采集野生葡萄标本，并在英、美、德等国刊物发表论文，引起了世界植物学术界的关注。1989年，中国科学院植物研究所李振宇教授等深入罗城考察，证明了野生毛葡萄是广西九万大山的特有新种植物，定名为罗城毛葡萄。

通过第三次全国农作物种质资源普查与收集行动，我们在罗城县乔善乡板团村茶洞屯发现9个优异的野生毛葡萄种质资源。在普查与收集行动中，茶洞屯的野生毛葡萄种植户潘绵新给予我们极大的帮助。

潘绵新在村里百岁老人毛潘文的指导下，从石头山上收集了很多种野生毛葡萄种质。20年来，他自己摸索着当地野生毛葡萄的种植关键技术，逐渐地掌握了野生毛葡萄的育苗、种植管理技术，还进行了自酿毛葡萄酒。潘绵新介绍，为了更好地种植管理，他给这些葡萄种质资源编号。经过他多年的种植观察，发现在同样的栽培管理条件下，3号野生毛葡萄抗性强；6号、8号野生毛葡萄在每年10月中旬才成熟；8号、9号野生毛葡萄的果粒大、低酸高糖、品质高。目前他在自家石头山上种了20多亩野生毛葡萄，每年亩产500～750kg。销售毛葡萄果和自酿的毛葡萄酒是他们家庭创收的主要手段。

罗城野生毛葡萄种质资源丰富，有很大的创新利用空间。我们对这些种质资源进行了普查与收集，后期将对它们进行更详细更深入的研究。

罗城野生毛葡萄

广西壮族自治区农业科学院葡萄与葡萄酒研究所　韦荣福

（八）野生稻优异种质资源

自2015年起我们承担了第三次全国农作物种质资源普查与收集任务，其中对新收集的野生稻种质资源进行了鉴定评价。

1. 野生稻高抗稻瘟病抗源

经过课题组成员与广西壮族自治区农业科学院植物保护研究所合作，对新收集的2 000多份野生稻种质资源进行稻瘟病抗性鉴定，经过多点多年和人工接种鉴定，目前已经获得抗稻瘟病的野生稻抗源393份，其中高抗173份；用10个菌株对97份鉴定，获7份代换系，在4号、8号、11号、12号染色体上鉴定出5个抗稻瘟病基因；其中陈成斌、梁云涛等考察队在来宾市考察收集的普通野生稻2006L411种质，茎秆粗壮，坚硬，直径0.8cm，株高1.25m，穗长18cm，穗粒数204粒，结实率87.4%，经过在防城港市东兴市河州村、金秀县罗香乡等多点多年田间稻瘟病抗性鉴定，叶瘟和穗颈瘟均表现为一级，后进行10个菌株人工接种鉴定，综合抗性指数也表现为一级，是今后水稻抗稻瘟病育种的优异抗源。

高抗稻瘟病的野生稻   抗穗颈瘟种质

2. 野生稻免疫南方黑条矮缩病抗源

近年来，我们合作鉴定进行了32份野生稻的抗南方黑条矮缩病鉴定研究，经过多年多次人工接种试验，获南方黑条矮缩病免疫材料5份、高抗12份、中抗15份；挖掘出高抗南方黑条矮缩病的首个主效QTL基因定位在第9号染色体上，是国际上首个抗性基因。其中2005W461野生稻种质是陈成斌带队在梧州市采集的药用野生稻种质，生长旺盛，分蘖力特强达到112个，茎秆粗壮，直径0.9cm，株高2.5m，穗长25cm，穗粒数532粒，结实率85.2%。经多次人工接种鉴定和病原检测均表现为免疫，是今后水稻抗黑条病育种的宝贵抗源。

免疫南方黑条矮缩病的药用
野稻原生地照片

广西壮族自治区农业科学院水稻研究所　梁云涛　徐志建

（九）凭祥山里火火的红皮果——火果

条条果枝串串果，远远望去整个树冠像一团燃烧的火焰，红彤彤的，这是凭祥市种子站陈灼站长向调查队员们介绍时留给人的第一印象。2015年12月10日，在凭祥市夏石镇夏桐村那乜屯，调查队员们穿过一条长30m、高2.0m、宽1.2m的由厚厚的植物环绕组成的长廊，终于见到了令人神往的火果。火果远离公路，远离住户，生长在一片繁茂的植物群中，周围环境湿度很大，只有1株独立；火果属于高大乔木，树干挺拔直立，下部几乎没有分枝，上部分枝较多且向上挺举，主干高约3.5m，株高约15m；植株生长健壮，枝叶茂密，叶色浓绿，叶片不是很大，整个树干及叶片光滑，不见明显的病虫为害；树体生长势不是很强，树龄约30～40年，主干胸径仅41cm，树冠也不是很大，冠半径仅3.3m。在夏石镇，火果很容易坐果，且结果率高，通常3月开花，11月成熟；果实圆形，似乒乓球大小，果实形状像山竹果；有较厚的皮，没有成熟时果皮是红色的，约有2mm厚，成熟后逐渐变成黑色；皮内有3瓣裹着果肉的种子，果肉亦似山竹肉，酸甜，口感比较浓，呈乳白色，软软的。火果，壮语发音为makfeiz，英文名称为Burmesegrape，中文学名木奶果，拉丁学名*Baccaurea ramiflora* Lour.，别名白皮、山萝葡、野黄皮树、山豆、木荔枝、大连果、黄果树、树葡萄。在凭祥当地人们也称之为红皮果、红果。据资料记载，火果为大戟科木奶果属常绿乔木，叶片纸质，倒卵状长圆形、倒披针形或长圆形，上面绿色，下面黄绿色，无毛；侧脉上面扁平，下面凸起；花小，雌雄异株，无花瓣；总状圆锥花序腋生或茎生，苞片卵形或卵状披针形，棕黄色；萼片长圆状披针形，浆果状蒴果卵状或近圆球状，种子扁椭圆形或近圆形。火果在中国的广东、海南、广西和云南均有分布，生于海拔100～1 300m的山地林中。印度、缅甸、泰国、越南、老挝、柬埔寨和马来西亚等也有分布。是热带雨林植物代表种类之一。火果在国内多以野生状态分布于低、中海拔的山谷、山坡林地，尚未大面积人工栽培。广西、广东、海南、云南一般零星栽培在庭园供观赏、鲜食和药用。火果树形非常优美，且四季常绿，群体种植的观赏效果也非常好，故也适合作为园林造景的选材。有研究显示，火果的根、木、果皮均可入药，其味苦、辛、寒，有止咳平喘、解毒止痒功效。

中国农业科学院作物科学研究所　姜淑荣　刘继华

三、人物事迹篇

（一）奉献青春坚守东兰县种质资源的陈建相

东兰县种子管理站站长陈建相，从事农业及种子工作30年。在全国开展第三次农作物种质资源普查与收集行动工作中，工作积极主动，有较强的组织协调能力，能带领普查工作队员在规定的时间内高质量完成种质资源普查与征集工作。被誉为东兰县种质资源的守护人。

1. 严格遵守普查与征集工作的程序和技术规范

严格遵守普查与征集工作的程序，根据普查内容要求组织工作。一是组建普查队伍，确定采集地点，安排采集时间，购买种质资源普查所使用的仪器；二是开展技术培训，组织参与普查人员集中学习有关培训教材，学会采集表格的填写、文献资料查阅、资源分类、信息采集、数据填报、样本征集、资源保存等方法，以及如何与农户座谈交流等；三是带队走乡入户，采用访问和座谈方式，访问富有务农经验的农民，利用引导性的方式获得信息，同时结合田间实地调查收集样品；四是妥善整理数据资料，给采集到的样品贴好标签，图片编号、制作图文组合，数据汇总后填写普查表、征集表，撰写调查报告，所有资料及时上报，汇编成册。

样本拍照时在构图上，果穗、籽粒、植株的照片一定要有灰色底布作背景，在布上摆好标本，放好尺子，尺子最好买5m的卷尺，字体大一些，大的果穗或籽粒可用刀横切、竖切各一个。

在征集的资源图片照片或录像记录的每张照片或录像都要记录该种质资源的采集号，摄影时间、地点，画面内容和拍摄人。

图片编排成册的具体制作方法：一是先把采集到的图片分为粮食作物、蔬菜、果树、经济作物、牧草绿肥等五类。然后把这五大类再细分到具体的作物及其品种。二是把征集的资源图片编号，采集到的图片很多，不可能都用上，按果穗、籽粒、植株、生境、提供者来分，每一种质资源有5张有效图片就可以了。

2. 在资料的收集与整理过程中方法创新

要在较短的时间内把本次"农作物种质资源普查与收集行动"汇编成册，必须使用一些历史的资料，要利用历史资料必须学会资料的扫描。本次工作中采用"尚书七号"软件，其步骤如下：在扫描仪上放入要扫描的资料→（工具栏）扫描→（对话框）扫描→识别→修改→点击所识别内容的任意一处→编辑→全选→编辑→复制→窗口最小化→桌面文档→粘贴→修改→使用别人的资料。

还制作了种质资源普查与收集验收单，确保收集资料齐全。其内容有：样品编号；种质资源名称；作物类别：粮食作物、经济作物、果树、蔬菜、牧草绿肥；收集样品数量；照片张数：果穗、籽粒、植株、生境、提供者各多少张。这张表可统计出粮食作物、经济作物、果树、蔬菜、牧草绿肥各收集到多少个样，样品是否收集到，数量是否符合采集要求，照片张数各多少张，每一样品的果穗、籽粒、植株、生境、提供者是否都有了照片。通过这张统计表，发现漏项要及时补上，保证资料的完整性。

陈建相同志在江苏省种质资源普查培训班上作经验介绍（拍摄人：高爱农）

陈建相同志介绍自己编写的《东兰县种质资源普查资料汇编》（拍摄人：高爱农）

陈建相同志在广东省普查与征集培训班上作经验介绍（拍摄人：高爱农）

广西东兰县农业局陈建相在广西培训会上作典型经验发言（拍摄人：李大）

3. 及时、完整地总结汇编普查与征集的结果

陈建相同志编写的《东兰县种质资源资料汇编》（以下简称《汇编》）一书共428页，超过11万字。包括：县、乡（镇）的自然条件和农业生产概况，居住的少数民族；调查的程序和方法；农作物种质资源概况、消长情况及其原因；采集的样本数量和质量情况，其中特异资源的主要特征特性、突出优点、种植历史和面积、主要用途；实施方案，成立领导小组，工作情况汇报，普查与征集报告（调查报告）；征集表，图文组合，1956年、1981年、2014年的普查表，对当地农作物种质资源的保护和开发利用的建议等内容。该《汇编》介绍东兰县已经普查农作物品种资源80个，其中：粮食作物25个，蔬菜13个，果树19个，经济作物6个，其他17个。

由于东兰县工作成绩显著，中国农业科学院作物科学研究所邀请陈建相同志，于2016年6月13日和2016年6月15日，分别在南京市、广州市参加江苏省和广东省的普查与征集培训会，作典型经验介绍。2016年10月18日陈建相在广西壮族自治区的种质资源普查与收集培训班作典型经验介绍。中国农业科学院作物科学研究所高爱农博士这样评价："广西东兰县的工作方法创新，实施方案具体翔实，总结全面，汇总汇编效果很好，受到领导和专家的好评。"该《汇编》为开展第三次农作物种质资源普查与收集行动工作树立了典范，为开展种质资源普查与收集行动工作做出了突出贡献。该资料汇编提出的大力发展油茶、板栗、墨米、兰木富硒米产业已得到当地政府采纳，成为东兰县主要扶贫产业。

东兰县农业局　陈建相

（二）农民育种家——谭增福

在广西河池市东兰县花香乡干来村宏二屯，有一位被称为"育种牛人"的农民育种家谭增福。76岁的他身体依然健朗，和老伴在家务农。谭增福1972年曾经到广西博白制种基地学习玉米育种技术，此后在家乡开始实践，将学到的技术方法运用到杂交种的选育中。他的做法通常是利用当地的白粒玉米做母本，生产上推广种植的杂交种做父本，母本没有隔离种植，与父本混合种在一块地，让父母本自由授粉，然后从收获的果穗中挑选出白色籽粒玉米作为下一年的母本。他生产的杂交种，受到当地部分农户喜爱，累计种植约100亩，在东兰县小有名气。

在"第三次全国农作物种质资源普查与收集行动"实施过程中，广西壮族自治区农业科学院玉米研究所的调查人员慕名前来拜访谭增福的时候，他很自豪地向调查员介绍品种的制种和生产情况，并展示了他育成的品种。这些玉米品种果穗粗大满顶、结实饱满、产量高、适应性广。有不少同村的村民和附近村的农户都向他购买种子。他的玉米种子销售价格一般是每千克20～30元，每年可销售50多千克种子。

谭增福（右二）展示育成的品种间杂交种

广西壮族自治区农业科学院玉米研究所　谢和霞　覃兰秋　程伟东　江禹奉
曾艳华　谢小东　周锦国　周海宇　吴翠荣

（三）执着的玉米种质资源守护者——劳永武

当第三次全国农作物种质资源普查与收集行动的科研人员到广西崇左市天等县农业部门调查时，得知驮堪乡南岭村南岭屯有一位65岁的农民老伯劳永武，他一直种植一个名为'九节黄'的地方玉米品种。'九节黄'玉米因其果穗生长在玉米植株的第九节上而得名，籽粒颜色亮黄，籽粒脆硬。地方玉米品种'九节黄'来到这个小山村，并一直扎根在劳家，是从20多年前当地村民到邻县隆安县走亲戚开始的。由于'九节黄'产量高，抗性好，耐瘠薄，曾被广泛种植。但随着杂交种的推广，'九节黄'的种植户数与播种面积逐渐减少。到2017年，村里只有劳伯一家仍在种植。劳伯对'九节黄'玉米情有独钟，每年种植面积8亩左右。在杂交种强势推广应用的今天，他对杂交种依然没有动心，从来就没种过杂交种，显得难能可贵。曾经有当地农业局种子推广站给他推荐过杂交种，但他依然继续种他的'九节黄'。说起'九节黄'，劳伯非常认可这个品种的品质好、抗逆性较强等优点，而且煮成玉米粥很好吃，产量也和杂交种相差不大。劳伯认为种植

劳永武与玉米科技人员探讨"九节黄"提纯复壮技术

'九节黄'自己留种，并不需要花钱买种子，能够减少投入。

劳伯向调查员表达了继续种植'九节黄'的意愿。看得出，劳伯对'九节黄'的钟情，这是一种多么可贵的坚持。

广西壮族自治区农业科学院玉米研究所　谢和霞　覃兰秋　程伟东　江禹奉

曾艳华　谢小东　周锦国　周海宇　吴翠荣

（四）用激情和笑脸唤醒那深山里雪藏的"土"资源

——记广西壮族自治区农业科学院调查二队凭祥行

2015年12月7—11日，中国农业科学院作物科学研究所姜淑荣、刘继华以本刊（《第三次全国农作物种质资源普查与收集行动简报》，编者注）记者的身份全程参加了广西壮族自治区农业科学院调查二队在中越边境城市凭祥的调查，并记录了这次调查中点点滴滴感人的事情。

12月6日，考察出发的前一天，记者到达了南宁。在去往广西壮族自治区农业科学院的途中，调查二队队长梁云涛就迫不及待地与记者探讨着《简报》应当如何去写，有什么具体栏目，是否有写作规范和要求；针对搜集到的一些新资源，因为需要科学系统的评价，如何去把握写作的尺度，如何正确地用词用语，如何做到内容丰富而又不失严谨性等，一系列问题的提出让记者感觉到梁队长对《简报》工作的认真思考，但同时更感觉到他对考察工作的热情。

12月7日上午，记者拜访了广西壮族自治区农业科学院科研处副处长车江旅，并就广西壮族自治区农业科学院在《第三次全国农作物种质资源调查与收集行动》中的具体组织架构、人员组成安排、经费使用管理等问题进行了采访，车处长对这些问题都给予了热情的解答：广西壮族自治区农业科学院建立了以邓国富副院长牵头，科研处车江旅副处长协调，各所副所长分管的组织管理小组；任务下放，经费下放，以充分有效合理使用；选用长期从事资源工作，有经验、协调能力强的专家做考察队队长，调查队员以高中级职称的研究人员为主。

12月7日下午，全体调查队员共11人，在广西壮族自治区农业科学院南门集合出发，奔赴调查地。一路上队员们看着车外飞驰而过的各种千姿百态的鲜花绿植，都非常兴奋，不断地报出各种植物的名称，并说出它们的主要植物学特点及利用价值，记者听着，心里暗叹这些队员的激情，及对这次行动的热爱。两个半小时的车程好像转眼就过去了，下午五点半左右入住凭祥市锦华酒店。

晚饭后，全体调查队员开了一个小会——调查前准备会议，根据队员的学科、研究的作物种类、调查的乡镇村的远近以及调查中具体的工作对人员进行了分组、分工。

本次调查队员来自广西壮族自治区农业科学院的7个研究所，涉及多个学科，具体为：水稻所的梁云涛（研究野生稻），杨行海（研究栽培稻）；玉米所的覃兰秋（研究大豆、玉米），曾艳华（研究玉米），吴翠荣（研究玉米）；生物所的张尚文（研究植物分类）；经作所的曾维英（研究大豆、经济作物）；园艺所的刘要鑫（研究果树）；甘蔗所的段维兴（研究甘蔗及其野生近缘种），张保青（研究甘蔗野生种）；蔬菜所的张力（蔬菜）。

12月8日上午8点半，调查队到达凭祥市农业局，与农业局党委书记梁庆保、种子站站长陈灼、水果办主任梁桂青等座谈。首先，调查队长梁云涛介绍了本次来凭祥市的目的和任务，主要是系统调查和收集本县的地方品种和野生近缘植物资源。梁庆保书记介绍了凭祥市的总体概况。接着，由陈灼站长介绍当地资源情况，但他初始反复强调凭祥市农业生产不发达，高产而又大面积栽培的品种很少。梁队长听后马上说：我们所要搜集的不是这一类的东西，而是当地的野生资源、地方品种，或者说是农家品种。可是农业局的几位同行仍然没有明白，于是梁队长又说：我们所搜集的是当地农民世代耕种的，农民自己留种的农作物，或者山谷里、田间地头、房前屋后自然生长的。一遍一遍，细细解说，不厌其烦，终于梁桂青主任脱口而出"那就是土的啦！""对，就是土的！"队员们几乎是异口同声回答，瞬间，会议室里鸦雀无声，你看看我我看看你，随即又爆发出爽朗的笑声，那是开心的笑，那是会心的笑！

根据梁队长提出的要求，陈站长简单地介绍了该县各个乡镇的野生资源情况，并与队员们一起商讨确定了3镇9村的调查地。分别是友谊镇的三联村、礼茶村、宋城村；上石镇的下敖村、炼江村、油隘村；夏石镇的丰乐村、夏桐村、浦门村，其中5个村是边境村。这些村都没有大规模的开发建设和旅游，所以生态环境保护的比较好。随后，分别在陈站长、梁主任的引导下队员们对这9个村的"土"资源进行了实地调查搜集。

调查车在十万大山蜿蜒的盘山路上行驶，路很窄，只有1个车道，路边是陡峭的悬崖，12月的凭祥阴雨连绵，说来就来，路滑弯急，司机小心地开着车。可是队员们没有顾忌这些，他们的眼睛时刻关注着从眼前掠过的各种植物。在友谊镇礼茶村的村头拐弯处，队员们一眼看见不远处河沟边有1株野生柑橘，马上下车采集；在宋城村宋城屯公路旁，发现了野生秋葵，队员们欣喜若狂；在赶往另一个调查地的途中，在凭祥镇那行屯张保青看见20m开外处好像野生割手密，这是他寻找已久的，兴奋地跑上前观察，果然是！杂草丛中只有3～4株，相比其他植株，显得有些矮小细弱，但他却看到了；在夏石镇夏桐村那乜屯队员们再次发现惊喜，路边水塘里伫立着几簇野生薏苡，是水生薏苡，还是普通薏苡？大家讨论着。

仔细观察，注意寻找，不放过视野中的一草一木，已是调查队员的工作习惯了。梁云涛、覃兰秋是参加过十多次调查的老队员，他们将这种习惯很好地传输给后来者，并形成了团队作风。

站在村口放眼望去，大山里零星地散落着几户人家，山里的人已经习惯了深居简出的独居生活，他们对外面的世界不很了解，也懒得和人打交道，加之语言不通，这些给必须走家串户才能从农民手中获得"土"农作物种质的调查工作带来了困难。怎么办？聊出来！他们用和风细雨的问候、平易近人的微笑、家常式的聊天与老乡们沟通着，慢慢地疑惑打开了，老乡们拿出准备做口粮的黄豆、绿豆、水稻、花生、红薯等，看着这一份份"土"的农家种，队员们欣喜不已，他们知道这不仅仅是一份份宝贵的农作物资源，更是体现了山里人对调查工作的一份份理解和支持。

对调查工作既要充满热情和兴趣，更要专业，这是调查队员必备的素质。每每看到一份资源，队员们都会向村技术员及老乡仔细了解，确定是真正"土"的后，对于鲜活的资源，要仔细观察其主要农艺性状，马上填写调查表、采集资源，并及时进行图像数据采集。对于农作物种子，他们从籽粒形状、大小、皮色、光泽度、肉色、脐色等去鉴别，以尽量避免重复采集。保证搜集的每一份资源都是有特点的"土"资源。

不怕苦不怕累，这是调查队员们具备的又一重要特质。12月8—11日整整4d的时间，调查队都是在早出晚归、舟车鞍马中度过的。由于乡镇间离得都比较远，午饭和晚饭都没有正常的点了。每到一村，至少要走访5户以上人家，而每户人家相距都比较远，雨中（后）的山路又湿又滑，步履艰难；有的又有齐脚踝的杂草，队员们鞋子上、裤腿上满是烂泥、草籽、雨水，甚至鸡屎、狗屎，可是这些并没有影响队员们的工作。在友谊镇礼茶村祖光屯张保青在陡立的山坡上不慎摔倒，身上满是湿冷的黄泥，可他没有顾及自己，而是马上拿起镐头挖土，为队友们下山开路；没有换洗的衣服，山高风冷偶有小雨，他仍然兴致冲冲地寻找着河八王、割手密、斑茅等。

付出就一定会有回报。这一期考察，经过队员们不辞辛苦的努力，硕果累累，共搜集当地资源114份，超额完成本次调查的任务目标。主要包括粮食作物资源的香糯稻、玉米、大豆、绿豆、红豆等；经济作物资源的八角、红薯、芋头、花生、木薯、小米辣椒、菜豆等；野生资源有柑橘、柚子、杨桃、龙眼、柠檬、毛柿子、酸梅、芭蕉、沙梨、火龙果、木瓜、鸡蛋果、油茶、斑茅、割手密、芒、秋葵、麻、薏仁、火果等。还有一些有一定利用价值的尚没有明确分类的野生资源，需要进一步研究。

工作途中留影

调查队在工作中

中国农业科学院作物科学研究所　姜淑荣　刘继华

四、经验总结篇

（一）东兰县开展第三次全国农作物种质资源普查与收集行动

自2015年7月27日参加广西区"第三次全国农作物种质资源普查与收集行动"系统调查与收集培训会，东兰县及时制定《东兰县第三次全国农作物种质资源普查与收集行动实施方案》。明确普查与征集目标任务，普查与征集范围、期限与进度等。

1. 普查与征集目标任务

（1）组建本县农作物种质资源普查与征集队伍，组织普查与征集人员参加中国农业科学院作物科学研究所举办的培训班。

（2）对本县各类作物的种植历史、栽培制度、品种更替、社会经济和环境变化以及种质资源的种类、分布等基本信息进行普查，查清本县（市、区）当地气候、环境、人口、文化及社会经济发展对作物种质资源变化的影响等情况，并分别按1956年、1981年和2014年3个时间节点填写《第三次全国农作物种质资源普查与收集行动基本情况表》。

（3）对本县内粮食、蔬菜、果树、经济作物、牧草绿肥等作物的珍稀、名优、特异的作物种质资源进行普查，征集20～30份具有特殊利用价值的作物种质资源，并填写《第三次全国农作物种质资源普查与收集行动种质资源征集表》。

（4）对填写的普查信息表进行整理后提交至广西壮族自治区种子管理局审核；对征集到的农作物种质资源进行整理后，与作物种质资源征集表一并提交至广西壮族自治区农业科学院保存。

（5）接受中国农业科学院作物科学研究所、广西壮族自治区种子管理局对东兰县普查和征集工作的指导、检查和监督，配合他们安排的宣传和培训等活动。

2. 普查与征集范围、期限与进度

（1）全面普查。对东兰县东兰镇、泗孟乡、隘洞镇、切学乡、三石镇、武篆镇、兰木乡、长江镇、巴畴乡、金谷乡、长乐镇、三弄乡、大同乡、花香乡等十四个乡镇；

普查对象主要包括粮食、纤维、油料、蔬菜、果树、糖、烟、茶、桑、牧草、绿肥、热作等作物的珍稀、名优、特异的作物种质资源进行普查，了解各类作物的种植历史、栽培制度、品种更替、社会经济和环境变化以及种质资源的种类、分布等基本信息，查清本县当地气候、环境、人口、文化及社会经济发展对作物种质资源变化的影响等情况，并分别按1956年、1981年和2014年3个时间节点填写《第三次全国农作物种质资源普查与收集行动基本情况表》。

（2）重点调查。东兰县兰木乡、东兰镇、隘洞镇3个乡（镇），每个乡（镇）调查3个村，其中：兰木乡调查定桃村、弄台村、仁里村，东兰镇调查田洞村、巴拉村、江洞村，隘洞镇调查纳乐村、六通村、香河村。重点突出地方品种、当地特色栽培作物和珍稀濒危作物野生近缘的种质资源。共征集80份具有特殊利用价值的作物种质资源，并填报种质资源征集表。

（3）实施期限。2015年7月25日至2015年12月31日。

3.实施进度

2015年10月下旬至12月下旬普查工作小组进入各乡镇进行种质资源普查与收集工作，2016年1月进行资料汇总，完成普查表、征集表的填写，图文组合制作以及调查报告的撰写等工作，并编写《东兰县第三次全国农作物种质资源普查与收集行动资料汇编》。

4.总体执行概况

（1）各级领导高度重视。自治区农业厅、区种子管理局经常派人下来指导工作，东兰县农业局派一名主管领导主抓这一工作；农业区划、气象、民委、国土、统计、林业、教育、水果、县志等部门积极协助这次普查与征集工作，分别提供了东兰县行政区划、气象资料、民族分布、土地资源、统计年报、经济林产品生产、受教育情况、水果生产以及县志资料等情况。

（2）成立普查工作领导小组。东兰县农业局成立第三次全国农作物种质资源普查与收集行动领导小组。县农业局局长黄大志任组长，副局长李大任副组长，成员包括纪检组长韦东阳、财务股股长潘顺昌。领导小组下设业务组。业务组由陈建相、韦忠福、韩军福、李绍康、莫限良同志组成。

（3）强化业务培训，精准推进工作。普查工作小组专责人员统一系统学习种质资源普查、系统调查有关教材，重点学习《第三次全国农作物种质资源普查与收集行动技术规范》，同时学会采集表格的填写，培训文献资料查阅、资源分类、信息采集、数据填报、样本征集、资源保存等方法，以及如何与农户座谈交流等。召开县、乡、村培训及普查动员会，部署普查与征集任务，开展普查工作，前后共培训县级调查人员5人，参与人员53人，乡农业技术推广站人员14人。前后参加这次调查、提供线索的协同人员达200余人。另外，在大同乡，金谷乡，三弄乡的三合村、板兰村还召开了乡、村一级普查动员会4次，充分动员更多的群众参与普查与征集工作，能更多地提供种质资源的线索，使普查与征集活动范围更广，内容更丰富，能够更好更快地完成工作任务。

（4）资料的收集与整理。把征集到的样品资料及时处理。征集到的样品贴好标签，对图片进行编号、制作图文组合，数据汇总后填写普查表、征集表、撰写普查报告，所有资料及时上报、存档。

撰写普查报告，其内容主要包括县、乡（镇）的自然条件和农业生产概况；居住的少数民族；调查的程序和方法；农作物种质资源概况、消长情况及其原因；采集的样本数量和质量情况，其中特异资源的主要特征特性、突出优点、种植历史和面积、主要用途；调查队对当地农作物种质资源保护和开发利用的建议等。

5. 取得的主要进展

（1）通过普查收集一批重要的基础数据。通过普查了解到东兰县仍种植一些优质的水稻老品种。墨米有东兰灰皮墨米、东兰墨米一号、长江墨米、大同墨米、英法墨米、切学墨米等6种；粳稻有东兰有芒红粳米、东兰无芒红粳米、候乜闷、候仙哈（兰木粳米）、候棕马、侯仙龙、英法粳稻等7种；糯稻有糯旱谷、大同糯稻、英法糯米、大同小糯稻等4种。

掌握了东兰县不同时期资源的变化情况，查清了普查地区农作物种质资源仍保持丰富的多样性现状和分布。

了解了东兰县经济、人口、自然资源变化对农作物种质资源的影响、消长情况及变化原因等。

采集了80个优异资源样本，发现了一批具有重要利用价值的种质资源。

（2）扩大了专项实施的影响力。通过普查专项工作的实施，越来越多的政府部门工作人员和广大农民认识到农作物种质资源的重要性，并主动采取行动参与相关工作，大力宣传种质资源保护与可持续利用的重大意义，极大地扩大了专项实施的影响力。

6. 对当地农作物种质资源的保护和开发利用的建议

（1）大力开发利用东兰墨米、兰木粳米。在开发利用东兰墨米、兰木粳米时，要加强技术攻关使其矮化、硬秆、抗倒，提高产量。借助互联网+，着力推进富硒墨米、富硒大米等老区特色农产品的生产销售，扬东兰美名于域外，富一方百姓，从而真正做到产业富民强县。采用产品精加工、"农超对接"等手段，加大广告投入宣传，提高产品知名度，扩大销量，增加农民收入。

（2）对即将濒危、消失的种质资源加以保护。东兰县即将濒危的种质资源有腊月橙、百豪扁柑、东兰油栗等，对这些品种应加以保护。这些品种的营养价值相当高，各具特色，腊月橙曾在广西橙类比赛中获过奖，百豪扁柑曾是当地有名当家品种，东兰油栗的香、甜、耐贮藏是比较有名的。

现在如果种新板栗时，群众喜欢种植九家种等大粒板栗，由于本地板栗老龄化，面积逐年减少，当地板栗产量与外地大粒板栗之比逐年快速下降。外地板栗经纪人、商贩来东兰县收购的板栗大都是不耐贮藏的外地板栗品种，群众采收板栗时在家留几天，商贩经销、运输又需几天，到达目的地时，板栗腐烂严重，现在外地板栗商贩来东兰县收购板栗的越来越少，板栗价格迅速下滑。保护即将濒危的本地板栗种质资源十分必要。

东兰县即将濒危的种质资源还有团薯、牙劲薯，应尽快把它们拿到权威机构化验，看其是否具有保健或药用价值，然后决定是否开发利用。

（3）开发利用本地水瓜。水瓜不仅作为蔬菜食用，还可加工成防臭鞋垫，冬暖夏凉。其干果穗在大城市超市销售，单个价格在8元左右。

（4）大力发展切学墨米。切学墨米是唯一一个与杂交稻植株高度及生育期一致的品种，其株秆硬壮、抗倒力强。收获时与杂交稻一样，可用镰刀割，不像其他墨米要用小板割取穗秆那样费时；切学墨米稻秆紫墨色，明显区别于其他稻株，如果事先按规划好的区域种植，可在大田里作画，可达成艺术与农艺的完美结合。

7. 经费使用情况

强化项目管理，精细资金用向。按照第三次全国农作物种质资源普查与收集行动工作要求和进度安排，东兰县获得普查经费10万元。项目经费下达后，东兰县制定了精细的经费管理方案，对人员、财务、物资、资源、信息等进行规范管理，明确经费预算、使用范围、支付方式、运转程序、责任主体等，确保专款专用，把有限经费用在刀口上，为农作物种质资源普查与收集工作顺利开展提供了资金保障。

8. 不足之处

（1）东兰县梨、李、桃等种质资源十分丰富，仅李子就有20个品系，普查时这些种质资源不是生长季节，没有采集到样品。

（2）这次普查中，长江镇还有一个墨米品种，没有普查到；玉米品种中，当地本地白、本地黄仍有种植，我们仅普查到其退化的品种，原品种尚未普查到。

普查培训会

广西壮族自治区东兰县农业局　陈建相

（二）武宣县召开第三次全国农作物种质资源普查与收集行动座谈会

为了及时准确做好第三次全国农作物种质资源普查与收集工作，查清武宣县粮食、纤维、油料、蔬菜、果树、糖、烟、茶、桑、牧草、绿肥等各类农作物的种植历史，栽培制度、品种更替、种质资源种类、分布、多样性及其消长状况等基本信息以及重要作物的野生近缘植物种类、地理分布、生态环境和濒危状况等信息，2015年10月22日，武宣县农业局召开了武宣县第三次全国农作物种质资源普查与收集行动座谈会，参加会议的人员中有13位退休老农技推广人员年龄在65岁以上，有的达83岁高龄，他们有的20世纪50年代参加农技推广工作，并且长期奋战在农技推广第一线，这些退休老农技推广人员在会上畅所欲言，为完成武宣县第三次全国农作物种质资源普查与收集工作提供了宝贵的信息素材，也为今后开展种质资源保护和利用奠定了重要的信息基础。

武宣县普查与收集行动座谈会

广西壮族自治区武宣县农业局　覃德注

重庆卷

一、优异资源篇

（一）三元丝瓜

种质名称：三元丝瓜。

学名：丝瓜［*Luffa cylindrica*（L.）Roem.］。

采集地：重庆市城口县。

主要特征特性：该资源为地方品种，叶片深绿、掌状浅裂、长19.2cm、宽18.4cm，叶柄长6.2cm。主蔓绿色，主、侧蔓结果，着瓜节位低，3～5节，连续结瓜能力强，可连续结瓜5～6条。瓜黄绿色、长圆筒形，长34.8cm、横径4.6cm，近瓜蒂端形状为溜肩形，瓜顶形状为钝圆，瓜面粗糙无棱、较光亮。抗性强，田间表现抗枯萎病和根结线虫病。早熟，播种到收获60d左右。品质较好，瓜水分少、味甜。当地农民认为该资源具有清热、化痰、凉血、解毒的功效。

利用价值：三元丝瓜以嫩果供食用销售上市。一般开花至成熟约8～10d，要及时采摘，过早产量低、过晚纤维化高。根瓜要早采收，盛果期每2d采一次。采收时齐瓜根部用剪刀剪下，防止手撕伤秧蔓。摘取中下部老叶把瓜包好整齐地放于筐中，以免发生擦伤影响销售品质。该资源可直接推广应用，也可作苦瓜砧木，还可作育种材料。

三元丝瓜叶、瓜、花、籽　　　　　　　三元丝瓜植株

重庆市农业科学院蔬菜花卉研究所　张谊模　刘吉振

（二）宜昌橙

种质名称：宜昌橙。

学名：宜昌橙（*Citrus cavaleriei* H. Lév. ex Cavalier）。

采集地：重庆市合川区、渝北区、江津区、武隆区、南川区。

主要特征特性：共8份种质资源，分别是华蓥山堡顶宜昌橙、渝北（原江北）茨竹宜昌橙、皮家山宜昌橙、江津华盖宜昌橙、江津沙坪子宜昌橙、武隆平桥宜昌橙、金佛山宜昌橙、合川野生宜昌橙。①华蓥山堡顶宜昌橙。采自重庆市合川区，为常绿半落叶性灌木，抗病虫力强；能耐-11.5℃低温，耐瘠薄、耐荫蔽。汁胞不发达，汁少而黏，半透明，味酸苦，风味极劣。②渝北（原江北）茨竹宜昌橙。采自重庆市渝北区，本资源为常绿灌木状小乔木，多刺；树干强健，本类型主要特点是皮面粗皱，蜡层厚，呈油浸状，光泽明亮。除渝北皮家山有分布外，澄江镇也有发现。江津毗罗香橙有可能是本类型与土柑的自然杂交种。③皮家山宜昌橙。采自重庆市合川区。无一定树形，常偏斜不正。主干干性不强，枝条密集，坚实，分枝角度大。汁胞短而少，汁胞黄白色，透明，含有酸油，味极酸涩，不能食用。耐低温，在冰雪覆盖下，照常蕴蕾开花，不畏严寒；在瘠薄土壤上能正常生长，并耐荫蔽。④江津华盖宜昌橙。采自重庆市江津区。侧枝凌乱，小枝密集，披散，树形呈不整的扁圆头形。果面较光滑，耐受性同皮家山宜昌橙。⑤江津沙坪子宜昌橙。采自重庆市江津区，常绿半落叶性灌木，树姿披散，树形不定，生长缓慢，树势极强健。无病虫害，耐寒，耐阴湿，适应土壤能力强。⑥武隆平桥宜昌橙。采自重庆市武隆区，枝条密集，分枝凌乱，斜出或横生，树冠不整，生长缓慢，树势强健。抗逆性甚强，极耐寒，耐荫蔽，亦耐瘠薄，有广泛适应性，从低海拔至高海拔均生长良好。⑦金佛山宜昌橙。采自重庆市南川区，老树200多年，经多次砍伐更新，干周仍有134cm；成年树50～60年的较多，树势甚健，很少病虫害。耐受性同皮家山宜昌橙。⑧合川野生宜昌橙。采自重庆市合川区，本资源生长于海拔700～1 000m，属于濒危保护植物，国家保护植物，具有极其耐寒、耐阴、耐瘠薄的特性。

利用价值：可以作为药材、砧木以及柑橘起源方面研究与利用。

华蓥山堡顶宜昌橙

华蓥山堡顶宜昌橙果实

华蓥山堡顶宜昌橙籽

渝北茨竹宜昌橙　　　　　　渝北茨竹宜昌橙叶片　　　　　　渝北茨竹宜昌橙枝条、果实

皮家山宜昌橙枝条　　　　　　　　　　江津华盖宜昌橙枝条

江津沙坪子宜昌橙　　　　　　　　武隆平桥宜昌橙枝条

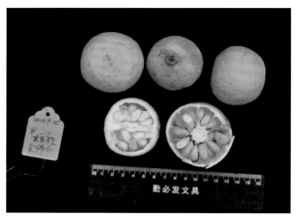

金佛山宜昌橙植株　　　　　　　　　　　　金佛山宜昌橙果实

合川野生宜昌橙植株

重庆市农业科学院果树研究所　周心智　张云贵

（三）野生山药

种质名称：野生山药。

学名：参薯（*Dioscorea alata* L.）。

采集地：重庆市城口县。

主要特征特性：该资源分布在海拔800～1 800m的山区，从野生到栽培有30多年的种植历史。山区农民种植于房前屋后，抗性强，块茎大，单块茎重达2 520g，须根少或无，口感面、糯，品质优良。该资源块茎外形类似熊掌，当地人称"植物熊掌"，把它用作煮腊肉、炖骨头、炖排骨煲汤。该资源当地农民认为具有健脾补肺、益胃补肾、固肾益精、聪耳明目、助五脏、强筋骨、长志安神、延年益寿的功效。

利用价值：2017年，该资源由城口县治平乡新红村8组社员李丙昌规模化种植105

亩，平均亩产2 500kg，平均每千克售价3元，平均亩产值7 500元，新增总产值52万余元，经济效益显著。

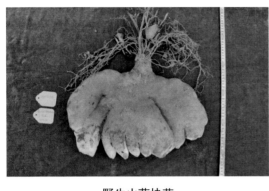

野生山药块茎

野生山药生境

重庆市农业科学院蔬菜花卉研究所　张谊模　吴霜

（四）天韭

种质名称：天韭。
学名：宽叶韭（*Allium hookeri* Thwaites）。
采集地：重庆市奉节县。
主要特征特性：该资源分布在海拔800～1 900m的山区，从野生到栽培有20多年的种植历史。山区农民种植于房前屋后，耐寒性强，不耐热。该资源茎粗、叶大，叶长35cm，叶宽2.1cm，口感优良。

当地农民认为天韭具有温肾助阳、益脾健胃、行气理血的功效。

利用价值：该资源可以直接在高海拔山区推广应用。

天韭植株

天韭田间生长状况

重庆市农业科学院蔬菜花卉研究所　张谊模　刘吉振

（五）花花豆

种质名称：花花豆。

学名：多花菜豆（*Phaseolus multiflorus* Willd.）。

采集地：重庆市城口县。

主要特征特性：该资源一般由海拔超过1 500m以上地区的农户种植，是一种色彩丰富、籽粒饱满、口感香甜的大芸豆，但一般很少对外出售。

这个"花花豆"属于大黑花芸豆品种，在当地栽培历史超过100年。相传为古时天上玉帝不慎将玉佩与缨络失落于人间，落地变成各色或有条纹花斑的豆子，从此繁衍成著名特产的白芸豆、黄芸豆、花芸豆等。因此，又有"神仙豆"之美称。适合做糖水，也适合做汤的佐料使用。入口的饱满度极好（大籽粒）、粉嫩绵软（淀粉含量高）、香气浓郁（香味独特，没有豆腥味）、口感微甜（在成熟的豆类中并不常见）。

利用价值：重庆人对"大花花芸豆"的烹饪方法很多，例如城口的"爆炒大花花豆"、巫山的"牛王豆焖鸭掌"等传统做法，口感超棒，超好吃。该品种只有在海拔1 300m以上的冷凉地区才能种植。也就是说，这是一个外地难以复制，非常适合城口发展的高山特色作物品种。

花花豆叶、花、荚

花花豆植株

爆炒大花花豆

花花豆焖鸭掌

重庆市农业科学院特色作物研究所　杜成章

（六）巴山豆

种质名称：巴山豆。

学名：小豆〔*Vigna angularis*（Willd.）Ohwi et Ohashi〕。

采集地：重庆市城口县。

主要特征特性：我们熟知的红小豆都是红皮的，但本资源的种皮颜色是较为少见的白色和绿色。

利用价值：一直被当地人用作煮饭、煲汤等日常饮食，但当地人一直不知道这是"红豆"，长久以来就叫它"巴山豆"。尤其是在城口的饭店或农家乐里，它一直是当地饮食的主打菜品之一。

烹饪方法有小豆干饭、豆汤菜等，成品汤色浓郁，小豆香软，白菜翠绿、甜脆，清爽适口。

白小豆籽粒、荚

绿小豆籽粒

重庆市农业科学院特色作物研究所　杜成章

（七）麻雀豆

种质名称：麻雀豆。

学名：菜豆（*Phaseolus vulgaris* L.）。

采集地：重庆市城口县。

主要特征特性：麻雀豆种植了50年，品质香糯，抗病、抗虫、抗旱、耐贫瘠，传统工艺制作泡菜。

利用价值：芸豆，一般都被用作鲜食（吃嫩荚）和籽粒，很少用来"腌咸菜"，但本资源较为特殊，长久以来被人们作为腌制佳品。它腌制方法简单，豆荚采摘后先后加糖、盐轻揉，然后放入干燥的瓷器中腌制，口感香脆，腌制品中却属于"珍稀"品种。

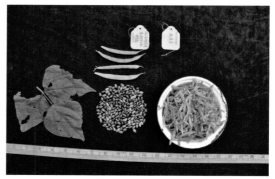

麻雀豆植株 　　　　　　　　麻雀豆籽粒、叶片、荚及食用方式

重庆市农业科学院特色作物研究所　杜成章

（八）城口野生猕猴桃

种质名称：城口野生猕猴桃。

学名：猕猴桃（*Actinidia* sp.）。

采集地：重庆市城口县。

主要特征特性：城口处于猕猴桃起源中心，其野生猕猴桃资源极其丰富，每个乡镇都有分布，果实早中晚熟、小中大野生猕猴桃资源都有。其中，在巴山镇发现了一株野生猕猴桃资源具有口感好、果实大、抗病等优点。

利用价值：可直接进行产业化开发。

城口野生猕猴桃枝条、果实 　　　　　城口野生猕猴桃生境

重庆市农业科学院果实研究所　伊洪伟

（九）马棘

种质名称：马棘。

学名：河北木蓝（*Indigofera bungeana* Walp.）。

采集地：重庆市秦巴山脉。

主要特征特性：马棘为豆科木蓝属小灌木，又名野绿豆、野蓝枝子、羊欢喜、铁扫帚等。株高1~3m，总状无限花序腋生，花序较复叶长，花冠粉红色或紫红色；荚果线状圆柱形，幼时密生短丁字毛，种子椭圆形；羽状复叶长约3~6cm，叶柄被平贴丁字毛。

利用价值：具有良好的耐旱耐瘠薄能力，可以在石漠化地区良好生长，广泛应用到石漠化治理和高速公路边坡绿化当中。全株具有药用价值，嫩枝部分粗蛋白含量高达21.7%（与苜蓿相近），适口性较好，可作为牛、羊等草食牲畜的优质蛋白青饲料。目前，在巫山县官渡镇结合当地扶贫工作，重庆市畜牧科学院草业研究所帮扶该镇，组织农民集中种植生产，推动形成以生产、销售巫山马棘品牌种子为龙头的扶贫产业，生产出的马棘种子主要用于周边省市及我国南方大部分地区园林绿化，高速公路、高铁边坡治理，肉羊放牧育肥饲草栽培等。目前，该种作物的种子收购价已达到40~60元/kg，仅在巫山县产业产值已达到2 000多万元。

马棘枝条　　　　　　　　　　　　　马棘花期

重庆畜牧科学院　范彦　冉启凡

（十）拟高粱

种质名称：拟高粱。

学名：拟高粱［*Sorghum propinquum*（Kunth）Hitchc.］。

采集地：重庆市秀山县。

主要特征特性：拟高粱为禾本科高粱属多年生草本植物。株高1.5~3m，具多节，节上具灰白色短柔毛。叶片线形或线状披针形，长40~90cm，宽3~5cm，两面无毛，稍粗糙。圆锥花序开展，长30~50cm，宽6~15cm；分枝纤细，3~6枚轮生，下部者长15~20cm，基部腋间具柔毛；总状花序，颖果倒卵形，棕褐色。有柄小穗雄性，约与无柄小穗等长，但较狭，颜色亦较深，质地亦较软。原产于中国台湾、广东，分布于中南半岛、马来半岛等热带岛屿。我调查队于2018年11月在亚热带中高山海拔的秀山县溶溪镇首次发现了该物种。据了解该物种为十余年前村民从广东引进，主要用于草食牲畜饲喂，已完全驯化并适宜了本地的气候，并在11月仍有少量青绿叶片，抗寒性极佳。

利用价值：该物种的发现，为本地适宜性热性牧草的培育和植物抗寒性研究提供了重要的材料和基因资源，具有十分重大的科研价值。

拟高粱基部　　　　　　　　拟高粱株高

重庆畜牧科学院　范彦　冉启凡

（十一）野生茶树

种质名称： 南川野生大茶树。

学名： 南川茶（*Camellia nanchuanica* Hung T. Chang et J. H. Xiong）。

采集地： 重庆市南川区。

主要特征特性： 南川野生大茶树属于山茶科山茶属茶组植物，乔木型，树姿直立，树高最高达13m，树幅最宽的有6m×7m。主干明显，光滑，胸径14~146cm，最低分枝一般在1m以上。成叶水平状着生，叶形以椭圆为主，也有长椭圆、卵圆形，叶片为特大叶或大叶，侧脉明显，6~8对为多，一般不超过10对，叶色绿或深绿，成叶光泽特强，角质层厚，叶缘平，叶尖急尖，叶齿多数较稀而浅，叶基多数为楔形。具有芽粗壮、产量高、内含物丰富、茶多酚含量高、抗寒性与抗病性强，制茶香高味浓耐泡的特性，是当地家家都喝的"打油茶"的主要原料。

利用价值： 南川野生大茶树作为一种独特的地方资源，有较高的经济利用价值。在当地春茶鲜叶每千克可卖400元以上，用其制作的南川大树茶已是当地的特色产品，是当地农民脱贫致富的重要收入来源。

南川野生大茶树

重庆农业科学院茶叶研究所　侯渝嘉

（十二）红花米

种质名称：红花米。

学名：稻（*Oryza sativa* L.）。

采集地：重庆市城口县。

主要特征特性：重庆古老优质水稻地方品种。种植了80年，高山大米，口感好，香味浓郁，籽粒橙黄色，干后呈红色。

利用价值：可直接进行产业化开发。

红花米籽粒

红花米田间生长状况

重庆市农业科学院特色作物研究所　张现伟

（十三）花椒

种质名称：花椒。

学名：花椒（*Zanthoxylum bungeanum* Maxim.）。

采集地：重庆市城口县。

主要特征特性：首次发现了无柄聚生毛叶花椒野生资源变异系。该野生资源主要变异为夏花型和春花型两种类型，花和果实果柄极短，沿腋芽聚生，叶片绒毛发达，皮刺密集，根系为直根型，须根发达。

利用价值：首次发现了木质根野生花椒资源，克服了传统花椒栽培过程中肉质浅根型弊端，为花椒高抗性砧木改良找到了新材料。该野生资源的发现，将为花椒高抗性砧木研究提供新的基因资源类型。花椒作为重庆火锅"麻辣"主要的调味品，每年需求量在8 000t以上，青花椒面积接近100万亩，是重庆市的特色产业之一。

无柄聚生毛叶花椒野生资源　　　　　　无柄聚生毛叶花椒枝条

重庆农业科学院果树研究所　程玥晴

（十四）合川砂罐萝卜

种质名称：合川砂罐萝卜。

学名：萝卜（*Raphanus sativus* L.）。

采集地：重庆市合川区。

主要特征特性：叶丛开展，花叶，叶片黄绿色，株高50.9cm，开展度74cm，肉质根砂罐状，根长13.1cm，根粗11.6cm，皮薄红色，肉白色，单根重0.8kg。口感细腻化渣，甘甜。

利用价值：本资源种植历时悠久，种植面积大，常年种植面积在万亩以上，是重庆市的名优地方品种。其多为切丝后，晾晒，进行腌制，最后装坛做成咸菜，风味独特，口味鲜美。

合川砂罐萝卜种子

合川砂罐萝卜晾晒

重庆市农业科学院蔬菜花卉研究所　张谊模　刘吉振

（十五）武隆地方魔芋

种质名称：武隆地方魔芋。

学名：魔芋（*Amorphophallus riviveri* Durieu）。

采集地：重庆市武隆区。

主要特征特性：块茎近球形，直径7～25cm，顶部中央稍凹陷，内为白色，有的微红。叶柄长80～120cm，基部粗0.3～0.7cm，黄绿色，光滑，有绿褐色斑块。叶片绿色，3裂；佛焰苞漏斗形。

利用价值：本资源为地方魔芋古老品种，魔芋因具有很高的食用价值而受到当地百姓普遍欢迎，含有人体所需的10多种氨基酸和多种微量元素，更具有低蛋白、低脂肪、高纤维、吸水性强、膨胀率高等特性，药用功效方面具有降血脂、降血糖、降血压、排毒、减肥、美容、保健、通便润肠胃等多种疗效。

武隆地方魔芋样本　　　武隆地方魔芋顶部特写

重庆市农业科学院蔬菜花卉研究所　张谊模　刘吉振

（十六）巫山紫花豌豆

种质名称： 巫山紫花豌豆

学名： 豌豆（*Pisum sativum* L.）。

采集地： 重庆市武隆区。

主要特征特性： 2017—2018年参加全国豌豆联合鉴定试验（11个点），全生育日数165d。株高62.4cm，单株分枝数3.1枝，单株结荚数17.1荚，单荚粒数4.21粒，荚长6.42cm，百粒重17.2g，平均产量135.1kg/亩，居参试品种的第2位。2018—2019年度参加国家区域鉴定试验。

利用价值： 从巫山地方资源筛选出，该品种是目前国内已经鉴定的豌豆品种中，品质最好的芽苗菜之一。

巫山紫花豌托叶显色

巫山紫花豌生境

重庆市农业科学院特色作物研究所　杜成章

（十七）江津酸橙

种质名称： 江津酸橙。

学名： 酸橙（*Citrus aurantium* L.）。

采集地： 重庆市江津区。

主要特征特性： 酸橙，别名枳壳，地道药材，目前市场行情特好，2017年价格6.4～9.0元/kg鲜果，有效成分是同类中最高。原产江西。据綦江县志记载："前明有官于江西省，携种子来，延于附里。本药才不中食，故人不知贵而有贱值，收贮者。乾隆中忽昂贵，遂或厚利，以至富人多植之。"

利用价值： 该资源在当地主要采集青果，烘干作为药材，有顺气、散结、利便和祛痰的功效。一般以入伏开始采果，头伏枳实药性最佳。从前会作为甜橙和柠檬砧木。目前该品种在綦江已经发展2 000余亩，江津5 000亩，泸州10 000亩，由于其耐寒，已经被湖南怀化、江西新干等地作为中高山脱贫致富的好品种。

江津酸橙母树 江津酸橙果实

重庆农业科学院果树研究所　张云贵

（十八）人头红柚

种质名称：人头红柚。

学名：柚［*Citrus maxima*（Burm.）Merr.］。

采集地：重庆市垫江县。

主要特征特性：人头红柚是当地达百年以上树龄的老树，果实形状酷似人头，果肉呈红色，甘甜脆嫩，深受当地人的喜欢。人头柚属于红肉资源，果肉味道佳，缺点是果皮厚，可食率低，若加以改良将会成为一个极具商品价值的柚资源。

利用价值：农业科学院专家建议当地农业部门可将其作为重点保护对象加以保护。

人头大红柚树　　　　　人头大红柚果实　　　　　人头大红柚果实切面

重庆市农业科学院果树研究所　杨海健

（十九）野鸡啄

种质名称：野鸡啄

学名：玉米（*Zea mays* L.）。

采集地：重庆市奉节县。

主要特征特性：该品种采集于海拔1 321m的奉节县云雾乡，有100多年的种植历史，种植分布于1 300～1 800m的高山坡地，生育期短，100d可成熟。株高140cm，穗长12cm，产量199kg/亩，籽粒淀粉含量70.89%，蛋白质含量11.55%，油分含量3.93%，耐瘠性好，根系发达，抗穗粒腐病。

利用价值：该品种耐瘠性强，抗穗粒腐病，可作为选育适宜高海拔山区玉米品种的抗原材料。

野鸡啄苞谷

重庆市农业科学院玉米研究所　董昕

（二十）金黄早

种质名称：金黄早

学名：玉米（*Zea mays* L.）。

采集地：重庆市云阳县。

主要特征特性：采集于海拔1 245m的云阳县清水乡，该品种有50多年的种植历史。株高180cm，穗长25cm，产量435kg/亩，籽粒淀粉含量73.34%，蛋白质含量9.87%，油分含量4.11%，籽粒金黄，口感比普通杂交种甜，耐瘠，早熟。

利用价值：该品种主要作为粗粮使用，磨成粉后与普通面粉进行掺和食用。

金黄早苞谷

重庆市农业科学院玉米研究所　董昕

二、资源利用篇

（一）火罐灯笼高高挂　串串迎接丰收年

——重庆城口火罐柿

你见过挂满"红灯笼"的树吗？在重庆的城口县，每到秋冬时节，不但可以赏雪、赏红叶，还能赏"灯笼树"哦，它就是"火罐柿"。宋代大诗人苏轼曾用霸气的语句描写秋天的红柿：柿叶满庭红颗秋，薰炉沉水度春篝。松风梦与故人遇，自驾飞鸿跨九州。若想体会苏轼的秋意，就来城口赏柿、摘柿、吃柿吧。

1. 发现过程

城口县地处大巴山腹地，是重庆唯一成建制建立了苏维埃政权的红色老区，山高谷深、基因资源丰富和地区贫困是三大标签。为了探索"种质资源+特色产业+脱贫致富"的路径，策划了"三土"调查行动主题（一土是指百年以上的古老资源品种；二土是百年的种植技术模式；三土是古老的烹饪工艺），参与专家37人，首次对城口县25乡镇实施全覆盖，发现了火罐柿、野生猕猴桃、巴山豆、野生灵芝等独有的稀缺资源。火罐柿无核、迟熟、挂果期长、形状特别，极像古人常用的火罐灯笼，所以当地人一直叫它火罐柿。有趣的是，现代人用习惯了电灯，早就不知"火罐"为何物，当我们问本地人这个在当地种植了200多年的柿子为什么叫"火罐柿"时，他们都回答说"不晓得"。火罐柿，它是农民希望的寄托，是美好生活的象征。它犹如寒冬的一抹暖阳、一盏灯笼。如果没有第三次种质资源调查行动，火罐柿和火罐的文化很有可能就消失了。

2. 历史背景

北宋孔平仲在《咏无核红柿》诗中说："林中有丹果，压枝一何稠。为柿已经美，嗟尔骨亦柔。风霜变颜色，雨露如膏油……荆筐载趋市，价贱良易求。剖心无所有，入口颇相投。"道尽了无核红柿的妙处。秦巴山区柿子品种繁多，有牛心柿、宝盖柿、鸡心柿、磨盘柿、火罐柿等。大的品种每个柿子有0.5kg重，小的品种仅有十几克，形状上既有常见的扁圆形，也有鸡心形和长椭圆形等少见的类型，其中火罐柿为最佳。

3. 城口人的记忆

每个城口人的记忆里，都有一棵柿子树。它长在老家的院子里，更扎根在我们内心最柔软的那块土地。在城口大巴山的深处，柿叶落尽，枝上挂满了红亮晶莹的柿子，夕阳斜照下一树流丽，望过去满目灿烂光辉交互。

每一棵柿子树都挂上了红彤彤、金灿灿的果实，预示着金柿的丰收。百花落败，万木萧疏，只有柿子树越是凛冽成风，越是孑孑独立。在最难熬的日子里，结出一树繁盛，愈是天寒地冻，柿子们就愈是鲜亮夺目，一树树果实累累的柿子，自然、盈实，透着一种喜气，是山乡特有的秋韵。沐几次寒露、经几日冬霜，就红彤彤压垂了树枝。大巴山，抵挡着北方的丝丝寒凉，造就了良好的地理环境，也护佑着巴郡大地的淳朴子民，同时也酝酿出柿子独特的灵性。在农家院子里随处可见硕果累累的枝头，冬雪来临枝头挂满小灯笼似的柿子，在白雪映衬下更显得耀眼，万种风情，美不胜收。白茫茫的雪和金灿灿的柿子，构成了这个冬季最美的色彩。天寒欲雪，柿子表面结了一层薄薄的"霜"，那被霜打的皮，那南红般的光泽，像极了羞答答的少女。盈盈一握，捧在手里，是儿时红彤彤的记忆，冬雪天气里一树树的红艳。轻轻摘一个下来，尝一口，甜到心里。每个城口人的记忆里，都有一棵柿子树，它或许承载着小时候的人间至味，成长中的故乡情怀。

4. 利用价值

火罐柿拥有流线形线条，外观纤细，特别符合现代人的审美，而且由于晚熟的特性，其挂果时间能延长至春节前后，若将其成片种植在城口县的旅游线道路沿线，定能吸引大批游客、摄影爱好者和"吃货"前来，带动当地经济发展。

5. 已利用程度

城口是野生火罐柿的起源地，但火罐柿在当地一直未被产业化开发利用。在修齐镇的调查中发现的野生火罐柿，色泽金黄、口感甜腻，形状细长，与市场常见的柿子区别很大，识别度极高。重庆城口，火罐柿在当地拥有500亩左右的种植规模，但都未集中连片栽培，家家户户的房前屋后都有种植。

城口火罐柿子论个卖，价高畅销。"火罐柿子，一元钱一个，十元钱一串，吃在嘴里如蜜，挂在房里当装饰。"近日，在城口县鸽子沟菜市场，伴着村民袁胜国的吆喝声，他的柿子摊前围了不少购买者。不一会儿，袁胜国担的300多个柿子就被抢购一空，旁边摊位上红彤彤、圆滚滚、去蒂摆放整齐的柿子却还剩了一大簸箕。袁胜国的柿子怎么这么畅销？原来，他种植的柿子是城口的老品种——火罐柿子，口感好，外形呈椭圆形，颜色蛋黄色，甚是好看。在采摘时，他用果剪将柿子带枝丫剪下，然后用棕叶将10个捆成一串，不仅提着好看，而且方便存储，还保存得久。"柿子这样串起来真是太漂亮了，我买两串回去挂在窗台上，既装饰房间，吃起来也方便。"市民张女士说，吃不完的柿子，还可以晾干了做成柿干，也不浪费。目前，城口市面上柿子8元/kg左右，袁胜国串的每串柿子1kg左右，每串10元。袁胜国对自己的小创意颇为骄傲，不仅让自己的柿子十分畅销，而且价格也卖得更高，截至目前，家中的500kg柿子已销售得所剩无几。

6. 利用前景

为了探索"种质资源+特色产业+脱贫致富"的路径，调查队在发现了火罐柿独有的稀缺资源后，提出的《关于大力发展大巴山野生农业产业的建议》，获得城口县委书记、县长批示，现已完成了野生农业产业试点方案制定，打造15km长的金色火罐柿旅游观光带，为城口农旅融合提供独占性的旅游产品，种质资源服务老区脱贫见实效。

城口的野生火罐柿采摘期一般在下霜以后，甚至可延长至春节前后，能即摘即食。在黄安坝草场旅游沿线布局一片火罐柿种植基地，使游客既能赏雪，又能观景，还能体验采摘的乐趣，给黄安坝的冬季增添一抹金色的风情。火罐柿子栽植正在逐渐成为带动一方经济，助推群众增收的新产业。

城口火罐柿

重庆市农业科学院特色作物研究所　杜成章

（二）江津枳壳资源及利用

江津枳壳为酸橙，药名枳壳。为江津大宗药材，传统出口商品。据称系江西商州枳壳（酸橙）与本地柚的自然杂交种。干品药材青皮白口，肉头厚实，气味浓烈，药效显著，被清代商家、医家誉为"江津枳壳"。远销美国、英国、日本、新加坡、马来西亚等国家和中国港澳地区。

1. 历史渊源

据《江津柑橘志》记载，江津栽培酸橙（枳壳），始于明代，盛于清朝，以广兴场为最早。其中《綦江县志》记载："枳壳，前明刘蒲者，官江西清江县，携归。栽自附里沙坪坝始。""附里在县之北，与巴（县）江（津）仁怀接壤，蒐溪以东，民喜种。其下马家槽蒐溪沙坝一带多枳树园，有至数千者，家以殷实。"江津广兴乡与綦江北渡乡同位于太公山下，蒐溪河畔，受"种枳数千，家以殷实"的影响，民亦种枳。至清代，枳壳已由綦江河流域传至笋溪河的广大地区，使"沿河两岸，枳壳成林。"清光绪三十二年（1906）《江津乡土志》载，"枳壳、江津惟綦江河、笋溪河以外少有产者。夏间，伏天时，树上摘下，砍成两块，太阳晒干、篾包装捆。由水道运出本境，在重庆府发转各省及外洋等处销行。每岁计约一万余包，每包重二百余斤[①]""'为药材之大宗'，达三百余万斤[①]"。

据民国25年（1936）《四川经济日报》载："杜市、高歇以前盛产枳壳柑，后因价格低廉，当地人多将树砍伐栽培广柑矣。"1937年中日战争爆发，水运不通，枳壳无法运出，价格再跌，砍树者日增。到1950年全县只收购枳壳、枳实6.5万kg。1951年国际交往日盛，枳壳畅销，外商指名要江津枳壳。1952—1956年，国家均以外地枳壳换江津枳壳，每年出口超过1万kg。外贸部门为多创外汇，以300担外地枳壳换200担江津枳壳，以供外贸出口。"文化大革命"期间，枳壳生产受到重大损失。1969—1971年在广州交易会上，外商指名要江津枳壳，惜无货供应。1980年后，枳壳生产又有发展，1985年全县有枳壳15万株，其中结果8万株，产枳壳、枳实0.7万kg。1986年收购枳壳1.8万kg，枳实850kg。

2. 主要类型

（1）江津枳壳。别名大叶枳壳、大小叶反卷。分布綦江河、笋溪河流域的广大丘陵地区，为江津主要栽培品种，丰产稳产、耐寒、抗旱，非常适宜海拔500～1 000m种植。树势高大、强健、树冠大圆头形。果实扁圆形，大，纵横径9cm×10.5cm，果重300～400g，最大果重500g，果基部略凹，有5～7个不明显的棱起和放射状沟纹，深0.5～1mm，长1～1.5cm。果顶平滑，果面粗糙，黄至橙黄色，油胞粗而大。果皮紧韧，剥皮较难，皮厚1.1～1.3cm。果心紧实，纵横径5.5cm×1.5cm。囊瓣10～12个，大梳背形。囊皮肥厚（似柚）。果肉淡黄色，砂囊长纺锤形，长1.4～2cm，宽0.4cm，梗长1.1～1.5cm（似柚）。柔嫩多汁、化渣、味酸、不苦麻。以杜市乡硒金寺大叶枳壳成熟果实为标本（舒有恩所采）加以分析：全果重300g；其中果皮（主要药用部分）155g，占51.66%；表皮60g，占20%；砂囊（果肉）65g，占21.7%；种子40粒，重20g，占6.7%，似酸橙与柚的自然杂交种。

（2）晒岩枳壳。别名圆枳壳。分布永兴、石蟆、塘河、鹅公、高屋等地，以晒岩药物农场最多，故得其名。树势强健、高大，树冠圆头形，树干、主枝中粗，密布淡褐色条纹，针刺中粗。果实中大，近圆球形，纵横径6.5cm×7.0cm。果基部平，略凹，仅

---

① 该处斤与目前市斤不同，1斤≈596.82g。

有5～7个不明显棱起和放射状沟纹。果重150～200g，最大果重300g，果皮黄至橙黄，厚0.9～1cm，剥离较易，油胞凸或凹，果心充实，纵横径3cm×1cm，花瓣10～12，梳形。果肉浅黄色，柔嫩多汁，味酸，略带苦麻味，勉强可食。全果重150g；其中果皮75g，占50%；囊皮25g，占16.7%；砂囊（果肉）35g，占23.3%；种子35粒，重15g，占10%。似酸橙与甜橙的自然杂交种。

（3）外地枳壳。别名綦江枳壳，小叶大反卷。分布于綦江河、笋溪河流域的广大丘陵地区。从远处看，以其叶反卷度特别大的特征，便可知是外地枳壳。树势中庸，中高，树冠小圆形头。果实扁圆形，纵横径6cm×7.5cm，蒂周下陷。有极明显的9～11条棱起和放射状沟纹，长1～3.5cm，深3mm，果顶平、微凹，有明显柱痕。萼五瓣，不明显，呈圆形。果皮橙黄色，果面极粗糙，凹凸不平或疣状突起。油胞细密，下陷。果皮厚1～1.2cm。果心小，纵横径3.5cm×1.1cm。囊瓣9～11个，梳形。果肉淡黄色，短纺锤形，肥厚，长0.7cm，宽0.4cm，汁液极少，味酸，苦麻味重，不堪食用。以杜市乡民主村八组成熟的果实加以分析：全果重150g；其中果皮80g，占53.3%；囊皮30g，占20%；砂囊（果肉）20g，占13.3%；种子30粒，重20g，占13.40%。种子较小，楔形，长1.2cm，宽0.8cm，外种皮淡黄色，内种皮深肉红色。子叶白色，胚2～4个，白、微带黄色。

（4）大麦柑。始见于1938年郭益进（江津之柑橘）："系酸橙之一种。因其果实在三四月内接大麦成熟时方熟，故名。江津各橙园间有一二株。"今稀少。

3. 药理作用

调节胃肠运动、利胆排石、升压、抗休克、抗血栓、降血脂、抗肿瘤。枳壳所含川陈皮素具有抗肿瘤作用，对肺癌、腹膜肿瘤、胃癌、结肠癌、纤维瘤有较强的抗肿瘤活性。

4. 主要化学成分

枳壳中含多种化学成分，主要由挥发油、生物碱类、黄酮类、三萜内酯类、香豆素类、维生素、果胶、色素、无机盐等成分组成。前3种成分被大多数国内外学者所研究。

黄酮类成分主要有柚皮苷、新橙皮苷、橙皮苷、川陈皮素、红橘素等。药理研究发现黄酮类成分广泛存在于枳壳类药材中且均具有多种药理活性，柚皮苷、新橙皮苷等成分具有抗菌、抗病毒、抑制毛细血管脆性等多种生物活性。普遍认为江津枳壳柚皮苷及新橙皮苷黄酮含量较高。

枳壳中含有多种挥发油成分。具有理气行滞、镇咳、祛痰、抑菌等作用。目前测定出其含量的挥发油已经有50多种。如柠檬烯、芳樟醇、α-蒎烯、β-蒎烯等。不同产地的枳壳含有挥发油的主要成分亦不同，大多数枳壳中挥发油的主要成分为柠檬烯和芳樟醇。

枳壳所含的生物碱成分主要有辛弗林（synephrine）、酪胺（tyramine）、N-甲基酪胺（N-methyl-tyramine）、喹诺林等，是升压、抗休克的主要有效成分。中国药典2015

年版以辛弗林作为考察枳实药材的指标性成分。

目前，江津枳（酸橙）现有十余万株，鲜果售价达9元/kg。利用本地江津枳（酸橙）在江津、铜梁、潼南已繁育推广6 100亩。随着对药用枳壳（酸橙）的推广利用力度加大，有望改变原来柑橘产业效益低下、销售困难的局面，增加药用柑橘的有效供给，推动柑橘产业转型升级。

重庆市农业科学院果树研究所　周心智　张云贵

（三）上面结豆豆下面长人参的奇特物种

——重庆城口野生豇豆

小豆、绿豆、大豆、菜豆、豇豆等豆科作物人们常见，东北人参、西洋参、党参等参类大家也熟知，但你听说过"上面结豆豆，下面长人参"的东西吗？在重庆城口县，我们就发现了这样一个"奇葩"的物种。

发现过程：在本次资源普查过程中，调查队员杜成章不小心滑到了一处河沟底部，在他向上爬的时候发现了一株野生豆类，队员们立即对其进行采样，在样品采集过程中，居然在这个野生豆豆的根部挖出了"人参"。这个野生豆，城口明通镇的人们叫它"爬岩豆"，而北屏乡的群众却叫它"土洋参"。

历史背景：这个野生豆的块根酷似人参，而其花荚的形态近似豇豆，它有13~15cm的荚果，籽粒较大，颜色黑亮，百粒重约为8~9g，而且它具有类似胡萝卜一样的肉质根，当地人用它煮腊肉煲汤。在食用豆类的栽培历史中，都极少见食用块根的品种。它最早是在中华人民共和国成立前（1941年），由瑞典人Benth在湖北神农架自然保护区发现，并将之编入野豇豆种，但据国家食用豆产业技术体系的专家们说，将它编入野生豇豆的分类并不一定完全正确。据陈瑞华编写的《中药鉴定学》记载，湖南、湖北、四川等省的山坡、林缘、山麓草丛中均有其踪迹可见。

野生豇豆虽然在秦巴山区一带分布较为广泛，但许多居民都不知道它的存在，更谈不上有大量食用或药用。在重庆城口，该物种多为野生，需要时人们从村前屋后的灌木丛中采集。随着需求的增加，野生豇豆已越来越少，现在只有在远离村户的荒山野岭中才能发现其踪影。目前，唯一见到该野生豇豆的利用报道就是，由于其块根酷似人参，常有人将它误认作人参，还有人加工后假冒人参出售。

利用价值：在重庆城口，当地人常拿它当作高级食材来利用。每到逢年过节，它才会通过"土洋参炖山地鸡""土洋参炖城口老腊肉"等高档菜肴进入人们的餐桌。调查队有幸在本次资源普查的过程中品尝了一次。它的外观和东北人参十分相似，但入口却香腻柔软、甜而不苦，却还带着一股淡淡的"人参"滋味，让人回味无穷。据当地农民口述："这个土洋参，我都舍不得吃，挖出来都是50元1斤卖的"。

据《全国中草药汇编》记载，野生豇豆根具有清热解毒、消肿止痛、利咽喉之功效。可用于风火牙痛，咽喉肿痛，腮腺炎，疮疖，小儿麻疹余毒不尽，胃痛，腹胀，便秘，跌打肿痛，骨折等病症。当地中医偶尔会把野生豇豆根作为健脾和胃、消积化食的中草药使用。

已利用程度：除了极少数的农民将之作为高级食材进行了小面积粗放式的栽培和当地中医将之作为药材之外，其他利用几乎为零。

利用前景：可作为高级食材与药材开发。

（1）高级进补食材开发。东北人参由于药用能力较强，不能像大萝卜一样的炖在锅里给人吃，党参确实能炖在锅里，但其口感过于苦辣，食客难以下咽。而这个"奇葩的豆参"口感极佳，同时又具有人参的保健功能作用，不论是拿来烧菜还是烫火锅，都能完美契合，是一款非常符合现代人饮食消费理念的全新的"参类蔬菜"。可以作为当地特色扶贫产业项目进行"保护性开发"。今后重庆的"豆参"再也不用冒充人参了，它就是"豆参"！

（2）药物和保健品开发。由于野生豇豆易于人工栽培，而且其根部人参皂苷的含量较为可观（3.9%），可以考虑在当地建设"药用豆参产业化扶贫示范基地"，建立"豆参功能性成分提取工厂"，建立"豆参保健品和药品加工厂"。以一套全新的"豆参食药开发体系"作为技术支撑，以昂首挺胸的姿态进入国际参类市场。

（3）科研价值。目前要进行国内外品种权、专利权、基因权保护。同时科研机构马上着手对其功能性成分进行详细测定；研究药用机理；研究功能性成分合成代谢途径；克隆功能性成分基因；追溯生态环境与该物种形成的原因。

育种家要从中筛选并提纯块根产量高、形状好的品种出来，同时研发稳产高产的轻简化栽培技术，快速将野生豇豆驯化成栽培豇豆，并进行区域保护性产业化开发利用。

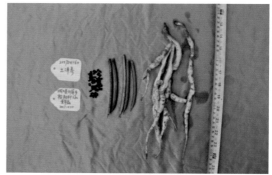
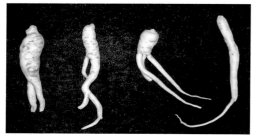

野生豇豆

重庆市农业科学院特色作物研究所　杜成章

（四）优异资源渝城芸豆1号、渝城芸豆5号

1. 资源基本情况

渝城芸豆1号（资源编号：2015501625；收集地点：城口县周溪乡龙丰村；渝品审鉴：2018033）、渝城芸豆5号（资源编号：2015502422；收集地点：城口县岚天乡岚溪村；渝品审鉴：2018032）是2015年重庆市农业科学院特色作物研究所专家在"第三次全国农作物种质资源普查与收集行动"中收集的2份优异芸豆地方种质，经系统选育形成的芸豆新品种，并于2017年7月25日通过了重庆市农作物品种审定委员会组织的专家田间鉴定。

2. 资源优异表现

这2个芸豆新品种具有直立、高产、优质、适应一次性收获等优点，是重庆市山区直立型芸豆种质资源的典型代表。专家组田间测评与测产结果表明：这2个芸豆品种田间表现整齐一致，未发现病毒病和叶斑病；在平均栽培密度10 672株/亩情况下，渝城芸豆1号生育期93d左右，株高51cm，单株分枝数4.4个，单株荚数11.7荚，单荚粒数3.3粒，百粒重42.8g，种皮白底紫色网状斑纹，种脐不明显，平均亩产142.3kg，比对照增产40.6%，适宜干籽粒食用；渝城芸豆5号生育期90d左右，株高46cm，单株分枝数4.3个，株荚数13.5荚，单荚粒数4.1粒，百粒重33.6g，籽粒黄色，平均亩产159.7kg，比对照增产57.8%，适宜鲜荚菜用和干籽粒食用。

品质测定结果表明，渝城芸豆1号干籽粒蛋白质含量20.8%，淀粉含量45.1%，脂肪含量3.8%，膳食纤维含量17.0%。渝城芸豆5号干籽粒蛋白质含量20.6%，淀粉含量42.8%，脂肪含量2.5%，膳食纤维含量18.3%。

3. 选育经过

2015年9月在重庆市城口县收集而来。2015年11月，在海南省海口市冬繁，选择性状一致的优良单株100株，并混合收获。

2016年5月，在重庆市武隆区双河乡种植、鉴定，该资源纯合度高，符合育种目标，植株性状、抗性、产量性状表现突出，具有早熟直立、结荚集中、成熟一致等优点，平均亩产超过155.5kg。

2017年、2018年参加重庆市芸豆区域生产试验。

2018年通过重庆市农作物审定委员会鉴定。

4. 生产应用

2018年以前，这两个地方品种仅在城口县有农户零星种植，2018年重庆市农业科学院特色作物研究所在重庆市内组织了渝城芸豆1号、渝城芸豆5号的示范。示范点设在城口县、武隆区、江津区、巫山县的高海拔山区（1 000m以上），其中渝城芸豆1号平均亩产153.2kg，渝城芸豆5号平均亩产156.8kg。这两个品种产量水平高、生育期短、抗倒伏、籽粒商品性好、成熟期集中，适于一次性收获，深受种植户欢迎。

渝城芸豆1号

渝城芸豆5号

重庆市农业科学院特色作物研究所　张继君　杜成章

三、人物事迹篇

挖掘种质资源的笃行者——张云贵

在农民眼里，他是"及时雨"，是朋友，穿着打扮像农民，没有专家教授的架子；在农业科学院同事眼里，他为人谦和，身先士卒，是一个不愿待在办公室，一心扑在野外作业的"工作狂"；在柑橘基地，他是身体力行，勇于打开柑橘种植技术推广新局面的带头人。

"我是农家子弟，我喜欢泥巴味。"

1986年7月，张云贵从西南农学院果树专业毕业后就扎根于全国柑橘之乡的重庆江津果树研究所（今重庆市农业科学院），从事柑橘品种的收集、保存、评价以及育种与开发推广工作。无论时光荏苒、时代变迁，他始终坚守在柑橘科研领域这块"实验田"里，奔走笃行、与时俱进、开拓创新，一干就是30多年。30多年来，从血气方刚的小伙子到双鬓斑白的花甲，他心里装着的全是一个又一个的柑橘品种和一茬又一茬的柑橘收成。无论是在哪一个工作岗位，他都牢记本行工作岗位职责，以勇于担当的精神推动指导着科技兴柑橘事业的发展，使一方农民从中喜获丰收。

多年来，张云贵不知疲倦地带领果树科技人员，忙碌奔波在田间地头，在平凡的工作中做出了不平凡的成绩。

江津这片土地，柑橘种质资源丰富，原始品种较多。在他的带头下，江津不仅保存了枳壳、宜昌橙等许多原始种标本，还先后开发推广了几十个可推广运用的新品种。

是什么原因让张云贵在这方领域如此长年累月乐此不疲呢？

"我身在农家，吃农家饭，干农家活，自小就对土地有着深厚的感情。农民种田辛苦，种田收入又不多，怎样让他们用果树技术种出好收成，这成为我孩童时的梦想。所以，后来我选择了读果树专业。"知天命之年的张云贵，消瘦的脸庞，透出炯炯有神的目光；黝黑的皮肤，镌刻着农人朴实的品质。

宝剑锋从磨砺出，梅花香自苦寒来。30多年来，他获得的个人先进称号和奖励无数，仅这几年间，他就先后荣获市级、区级等各级荣誉称号10多次。但他依然奔波在路上……

"收集保存柑橘种质资源，迫在眉睫且义不容辞。"

"沧海桑田，物是人非。果树品种的变迁也是这样的。普查收集整理原始品种，对于果树品种的优化发展至关重要，也是必须做的一项基础性工作。一直以来，我都在做着这块的工作，从未懈怠过。"

不止在全国第三次农作物种质资源普查摸底工作开展时，在过去，现在，张云贵都是这样说得，也是这样做的。

"现在，能找到许多原始品种已经十分困难了。如果不收集挖掘整理，很有可能将来我们的下一代进行柑橘科研工作时，无法看到原始标本。这真的令人担忧！"

2018年9月中下旬，张云贵与重庆黔江区农委果树专家王慧文一组，在黔江海拔高度1 200m的深山密林中，发现了20株柑橘老祖宗——宜昌橙、2株野生红心猕猴桃、500余亩野生山核桃。这三大稀有物种，被业内专家称在重庆实属罕见。这一重大发现，无疑给重庆乃至全国果树界提供了这三种野生优质果树实物研究资源。

"这种野生宜昌橙，是国家重点保护野生植物，十分珍贵，将来在栽培柑橘品种上，遇到无法解决的病害，就可能在这些宜昌橙的优良基因中寻找解决办法。"张云贵说起那次的发现，至今仍激动不已、如获珍宝。

其实，这远远不止张云贵多年来收集保存、整理挖掘原始种质资源的喜悦与艰辛。在这条道路上，他就像一个执念于矿藏的"淘金者"，付出再多的心血和汗水也在所不惜！

为了收集保存到更多的原始柑橘品种资源，这些年，张云贵背着帆布包，拿着照相机，走遍了大江南北。"远的到过云南瑞丽、西藏墨脱、陕西宁强，近的就在江津四面山……"

为了给后生留下可供研究的柑橘原始范本，他直面跋山涉水、路途崎岖、栉风沐雨而无所畏惧。这么多年以来，随身携带的相机被磨损换掉了5个，野外作业笔记有厚厚的10多本。在四面山海拔1 700多米的地方普查时，他差点摔下深沟；一位跟随他进行野外作业的博士生，因为吃不下这个苦而中途离去……

"很少看到他在家里待着，起初我还抱怨过，后来，我就习惯了。他就是这么一个为了工作就不顾家的人。"张云贵的妻子现在说起丈夫来，还有点抱怨。

张云贵（右一）在指导果树生产

心之所向，素履以往；因为执着，方得始终。现在，张云贵已经把自己多年来收集保存的柑橘原始种质资源，放在了他工作的柑橘综合实验站里，并建立了个人的"柑橘品种资源收藏展示室"，供有志于柑橘科研的朋友们共享使用。

"下一步，我将与同行一道对这些种质资源进行深度的挖掘研究，把它们的优良基因嫁接到现在的新品种上来，共同推进柑橘种植技术的创新突破……"面对未来，张云贵信心满满。

张云贵（右前）在收集资源

重庆市农业科学院果树研究所　周心智　张云贵

四、经验总结篇

（一）重庆市农作物种质资源普查与收集工作经验交流

农作物种质资源是农业科技原始创新和现代种业发展的物质基础，事关国家核心利益。重庆市自2015年7月30日启动全市农作物种质资源普查与收集工作以来，各工作组走访调查300余个乡镇1 000多个村社，在全市范围内开展了农作物种质资源普查与征集、系统调查与抢救性收集工作，共收集到重庆市古老、珍稀、特有、名优的地方品种和野生近缘植物资源2 577份，取得了丰硕成果。实现了四个"率先"：率先启动第三次全国农作物种质资源普查与收集行动并获得省级财政支持，率先实现省级普查所有区县全覆盖，率先开展县域全境所有乡镇系统调查全覆盖，率先将野生种质资源利用上升到县委县政府产业发展战略层面。

通过三年多的工作，各区县、各部门紧密合作，多部门、多渠道查阅文献档案，深入村社农户，深入田间地头，深入森林河谷，深入平坝山区，全面开展农作物种质资源普查与征集、系统调查与抢救性收集工作，及时对征集的种质资源进行繁殖和基本生物学特征特性的鉴定评价。目前，已经完成了普查、系统调查和抢救性收集工作，鉴定评价了一批资源样品，繁殖保存了一批资源样品，主要做法有如下方面。

1. 强化组织领导

一是成立了工作领导小组。领导小组由重庆市农委分管领导任组长，市农业科学院、市农委财务处、粮油处、蔬菜处、特经处、市种子管理站为成员。领导小组下设综合组、业务组、专家组，分别负责组织、协调、宣传、业务指导和技术咨询等工作。二是科学制定实施方案。重庆市农委制定下发了《重庆市农作物种质资源普查与收集行动实施方案》（渝农办发〔2015〕73号），对全市农作物种质资源普查与收集工作实施范围、期限与进度做出了明确规定，对任务目标、重点工作提出了明确要求。三是层层落实责任。各区县结合本地实际，细化了种质资源普查与收集行动实施方案，成立了领导小组和工作小组，为农作物种质资源普查与收集工作提供了坚实的组织保障。四是切实加强督导检查。重庆市农委下发了《重庆市农业委员会办公室关于开展农作物种质资源普查与收集行动检查督导的通知》，与打击侵犯品种权和制售假冒伪劣种子的春、夏、秋、冬四季检查等督察工作相结合，通过中期检查、年终总结和随机检查等方式，对各区县执行进度和完成情况进行督导，确保行动方案稳步推进、顺利实施。

2. 争取资金保障

为全面了解和收集重庆市农作物种质资源情况，在农业部确定的19个重点农业区县的基础上，重庆市将其余15个农业区县与万盛经开区一并纳入此次种质资源普查与征集工作范围，实现了种质资源普查与收集全覆盖，全市拨付专项经费1 350多万元。其中单列专项经费1 000万元支持重庆市农业科学院系统部署、持续推进种质资源、常规品种选育和定位试验等工作。部分区县配套了相应专项经费，如渝北区1∶1配套资金用于开展种质资源普查与收集工作，为全市种质资源普查与收集工作提供了坚实的资金保障。

3. 强化制度建设

制定了《重庆市种质资源普查与收集行动财务管理办法》《重庆市种质资源普查与收集行动组织管理办法》，对专项资金的管理、支付标准、支付流程、报销程序、普查与收集行动工作流程、档案管理、信息报送、成果运用等做了明确规定，对普查与收集行动工作具体内容提出了明确要求，并严格按照办法规定和经费预算，资金由各单位财务处（科）统一管理，专款专用，专账核算，主要用于开展业务培训、购置采集装备、支付老百姓种质资源补偿、开展系统调查与抢救性搜集向导费及走访老农民探望费用等，为全市种质资源普查与收集工作提供了坚实的制度保障。

4. 加强技术指导

先后举办市级培训会4次，培训人员超过3 000人次，邀请中国农业科学院专家组对近缘野生植物种质资源调查与收集整理，农作物种质资源调查收集、整理、保存与评价等内容进行了专题讲解培训。成立了农作物种质资源普查与收集行动专家小组，由重庆市农业科学院牵头组建了包括了水稻、玉米、蔬菜、果树、杂粮、烟草、牧草、麻类、植物分类学等30多名专家组成的综合性的农作物种质资源调查队；建立了责任专家负责制，每个重点区县指派1名专家负责，同时每个专家负责指导1~2个区县的种质资源普查和收集工作，为全市种质资源普查与收集工作提供了科学的技术保障。

5. 搞好宣传报道

通过编发简报、种业信息网发布新闻信息、微信分享等方式对种质资源普查与收集工作进行全面宣传报道，进一步增强了相关单位对第三次农作物种质资源普查与收集的重视，扩大了受众范围，提高了人们保护农作物种质资源的意识。2016年9月和2017年12月，中央电视台对重庆市种质资源普查与收集工作、典型故事及特异资源进行了全程跟踪拍摄和专访。

6.加快资源筛选

特色资源就是特色商品，也是产业结构调整的敲门砖。重庆市加大了支撑地方特色产业发展的力度。从忠县地方资源筛选出渝豆6号（渝审豆：2016001），从潼南地方资源筛选出渝豆9号（渝审豆：2017001），通过重庆市品种审定；城口三元丝瓜、奉节野韭菜、合川冬寒菜、璧山丁家儿菜、石柱脚板苕、江津豇豆、沙坪坝甘薯、云阳红花生等一大批优异资源已经直接利用。

7.支撑脱贫攻坚

在调查中发现，少数资源非常丰富的区县，经济却不发达，如城口县。重庆市从优势资源支撑地方特色产业发展入手，筛选出火罐柿、野豇豆等资源进行开发利用，围绕旅游做文章，因地制宜发展适当规模的野生农业，探索乡村旅游与特色产业发展相结合，走独具大巴山特色的发展之路，为重庆市精准扶贫和乡村振兴做出了实绩。

8.强化人才培养

逆境塑造人格，艰苦培养担当精神。资源野外调查条件异常艰苦，甚至有生命危险，在战场上锻炼了青年科技人员的吃苦耐劳、牺牲奉献和团队协作精神，一夜之间年轻的硕士、博士成熟了，资源普查收集行动后继有人了。据不完全统计，普查与收集行动启动以来，参与的技术人员有341人次，其中近几年入职的博士51人次、硕士105人次。

重庆市种子管理站　李波

（二）强化经费保障　加快资源开发利用　奠定产业发展基础

重庆市财政局专门匹配226万元用于首次全面开展重庆市农作物种质资源普查与收集工作，要求摸清重庆市家底。其中，重庆市农业科学院51万元，重庆市种子管理站15万元，未列入国家19个普查区县的16个区县各10万元。经济条件较好的区县也匹配了相关经费共计74万元。

为全面调查和收集重庆市农作物种质资源情况，在农业部确定的19个重点农业区县的基础上，重庆市将其余15个农业区县与万盛经开区一并纳入此次种质资源普查与征集工作范围，实现了种质资源普查与收集全覆盖，全市拨付专项经费1 350多万元。其中专项经费1 000万元支持重庆市农业科学院系统部署、持续推进种质资源、常规品种选育和定位试验等工作。部分区县配套了相应专项经费，如渝北区1∶1配套资金用于开展种质资源普查与收集工作，为全市种质资源普查与收集工作提供了坚实的资金保障。项目亮点如下。

1.组织结构构成多元化

项目由重庆市农业科学院及其下属单位特色作物研究所、生物技术中心、水稻研究所、蔬菜花卉研究所、玉米研究所、果树研究所、茶叶研究所、农业信息中心以及重庆市畜牧科学院的草食牲畜研究所等共同完成。项目由重庆市农业科学院副院长刘剑飞研究员负责，特色作物研究所负责项目统筹、管理及组织协调，资源鉴评工作由各专业研究所按照统一规范进行资源评价、鉴定、入库、保存及提交等工作，生物技术中心负责资源保存、基因鉴评以及中期库建设，农业信息中心负责编目入库。所有涉及的专业研究所的相关专家负责相应类别作物种质资源的调查与收集，并对所收集的种质资源进行繁殖和基本生物学特征特性鉴定评价。

2. 资源收集保护常态化

对重庆市征集和收集到的农作物种质资源按照国家规范进行田间繁殖和鉴定评价，并指导35个农业区县继续开展农作物种质资源的征集和技术培训。针对种质资源比较丰富的区县，安排相关专业技术人员到不同的乡镇和村社开展系统调查和抢救性收集工作，形成了资源收集与保护的常态化机制。

3. 数据库、中期库建设上日程

建立并完善重庆市农作物种质资源普查数据库和编目数据库（包括以前在各科研单位收集保存的种质资源），开启数据库和分子鉴评维护工作。2016年已申报市级财政建设重庆市农作物种质资源中期库，申请资金690万元，拟2017年开工建设。

4. 加快了地方资源开发利用

城口县因地处秦巴山区腹地，群山环绕，城镇化进程、交通、经济、产业发展等相对滞后，种质资源非常丰富，先后抢救性收集了各类种质资源351份。城口县立足资源优势，提出了《关于大力发展大巴山野生农业产业的建议》，围绕旅游做文章，因地制宜发展适当规模的野生农业，探索乡村旅游与特色产业发展相结合，走独具大巴山特色的发展之路，获得了城口县委书记、县长在个别乡镇开展试点的批示。

5. 奠定了产业发展基础

花椒作为重庆火锅"麻辣"主要的调味品，每年需求量在8 000t以上，是重庆市的特色产业之一。重庆市农作物种质资源调查将花椒作为专题进行调研，首次发现了无柄聚生毛叶花椒野生资源变异系，克服了传统花椒栽培过程中肉质浅根型弊端，为花椒高抗性砧木研究提供新的基因资源类型。在江津发现的江津枳（酸橙），全身都是宝，市场需求特别大。特别是江津的道地枳壳丰产稳产、耐寒、抗旱，含量最高，非常适宜海拔500～1 000m地区种植。目前，江津枳（酸橙）有十余万株，鲜果售价达9元/kg。利用本地江津枳（酸橙）在江津、铜梁、潼南已繁育推广6 100亩。随着对药用枳壳（酸橙）的推广利用力度加大，有望改变原来柑橘产业效益低下、销售困难的局面，推动柑橘产业转型升级。

重庆市农业科学院　刘剑飞　张晓春　杨明

（三）重庆市城口县农作物种质资源专项调查

1. "长征路上奔小康"的革命老区 —— 城口

城口地处秦巴山区腹地，群山环绕，是川陕革命老区的重要组成部分，是第一个迎来中国工农红军主力部队的老苏区。常住人口19.3万人，共有13个民族，其中汉族占总人口的99.93%，少数民族主要有土家族、苗族等。城口县属北亚热带山地气候，具有山区立体气候的特征，境内最高点光头山，海拔2 685.7m。城口县因独特的地理环境让其出现交通滞后、经济落后、产业落后、教育业落后、医疗落后等诸多问题，同时也赋予了城口"国家首批生态原产地产品保护示范区""中国生态气候明珠""大中华区最佳绿色生态旅游名县""中国天然富硒农产品之乡"等诸多美誉。党的十九大报告提出"加大力度支持革命老区、民族地区、边疆地区和贫困地区加快发展"，让革命老区上演"新长征精神"。目前，城口正走在"长征路上奔小康"的大路上，有望走出一条乡村旅游与特色产业发展结合，独具大巴山特色的发展之路。

2. 调查的程序和方法

按照《第三次全国农作物种质资源普查与收集行动技术规范》，重庆市农业科学院组织由院特色作物研究所、果树研究所、茶叶研究所、蔬菜花卉研究所，云南省草地动物科学研究院，西南大学荣昌校区，重庆市畜科院草业研究所和重庆市农业生态与资源保护站等8家单位联合组成的农作物种质资源调查队一行36人次，历时15d，用车10辆（车均行驶2 000km左右，人均每天

调查工作途中涉水

步行20 000步左右），在阴雨连绵、地质灾害频发的时期，调查队冒着生命危险对城口全域25个乡镇的77个村开展了农作物种质资源及野生植物资源专项调查和收集。本次资源调查活动主要采用人物访谈、入户调查和标本采集等调查方法，重点对"三土"作物（土资源：百年以上的古老资源品种；土技术：百年以上的种植模式；土方法：古老的烹饪方式）进行了收集与记录。

3. 城口县农作物种质资源概况

城口县地处秦岭大巴山区，属地理上的南北分界线，因山区地理阻隔等综合因素的影响，造就其农作物种质资源极其丰富，尤其是可利用的野生资源。该县农作物种质资源主要分为杂粮、蔬菜、果树、薯类、玉米、牧草、食用菌、小麦、烟草、水稻等，其中以玉米、红薯种植面积最大，主要用于喂猪。马铃薯和杂粮类种植面积位居第二，主要用于食用。果树以野生居多，人工栽培面积不大，蔬菜面积也较小，主要是因为城口

山大坡陡，土地资源稀缺，农作物栽培只能以解决温饱的粮食作物为主。

4. 采集的样本情况

调查队共收集栽培50年以上的农作物种质资源198份，包括杂粮118份、蔬菜21份、果树20份、薯类11份、玉米5份、牧草5份、小麦2份、花椒2份、烟草2份、水稻1份，其他资源8份。其中，具有产业化开发价值的特异性、独占性资源有6份，分别是野生猕猴桃、火罐柿、黑花芸豆、麻雀豆、红小豆、土洋参。

5. 调查队对当地农作物种质资源保护和开发利用的建议

立足城口资源禀赋和本次资源考察的实际情况，对城口"百年老土"和"野生资源"的开发建议是围绕旅游做文章，因地制宜发展适当规模的野生产业。

（1）打造野生产业综合体。打造"龙峡水库"野生猕猴桃产业带：对黄安坝旅游沿线中厚坪乡的"龙峡水库"步行道周边布局大果型野生猕猴桃围栏，以国庆节期间可采摘为主，同时配有不同时期采收的其他果品，增加黄安坝夏季旅游的可玩性与可消费性。深度挖掘野生块根食用豇豆（土洋参）的利用价值，研发标准化栽培技术，开发土洋参的食用方法。

（2）因地制宜打造"七彩巴山豆"美食产业。在旅游沿线因地制宜建立"七彩巴山豆"示范基地，用本土美食方法开发健康即食产品和伴手礼；在高海拔区域发展适当规模的高山大芸豆种植业；建立腌制麻雀豆地方标准，鼓励民间投资建厂。

（3）打造金色火罐柿产业片。城口的野生火罐柿采摘期一般在下霜以后，甚至可延长至春节前后，能即摘即食。在黄安坝草场旅游沿线布局一片火罐柿种植基地，使游客既能赏雪，又能观景，还能体验采摘的乐趣，给黄安坝的冬季增添一抹金色的风情。

重庆市农业科学院　杨明

附录一　农业部办公厅关于印发
《第三次全国农作物种质资源普查与收集行动
实施方案》的通知

（农业部办公厅　农办种〔2015〕26号　2015年7月10日印发）

有关省、自治区、直辖市农业（农牧、农村经济）厅（委、局）、农业科学院：

为贯彻落实《全国农作物种质资源保护与利用中长期发展规划（2015—2030年）》（农种发〔2015〕2号），自2015年起，农业部组织开展第三次全国农作物种质资源普查与收集行动。现将《第三次全国农作物种质资源普查与收集行动实施方案》印发你们，请按照方案要求，认真贯彻落实。

农业部办公厅

2015年7月9日

第三次全国农作物种质资源普查与收集行动
实施方案

为贯彻落实《全国农作物种质资源保护与利用中长期发展规划（2015—2030年）》（农种发〔2015〕2号），在财政部支持下，自2015年起，农业部组织开展第三次全国农作物种质资源普查与收集行动，特制定本实施方案。

一、目的意义

（一）农作物种质资源是国家关键性战略资源。近年来，随着生物技术的快速发展，各国围绕重要基因发掘、创新和知识产权保护的竞争越来越激烈。人类未来面临的食物、能源和环境危机的解决都有赖于种质资源的占有，作物种质资源越丰富，基因开发潜力越大，生物产业的竞争力就越强。农作物种质资源是保障国家粮食安全、生物产业发展和生态文明建设的关键性战略资源。

（二）我国农作物种质资源家底不清、丧失严重。我国分别于1956—1957年、1979—1983年对农作物种质资源进行了两次普查，但涉及范围小，作物种类少，尚未查清我国农作物种质资源的家底。近年来，随着气候、自然环境、种植业结构和土地经营方式等的变化，导致大量地方品种迅速消失，作物野生近缘植物资源也因其赖以生存繁衍的栖息地遭受破坏而急剧减少。因此，尽快开展农作物种质资源的全面普查和抢救性收集，查清我国农作物种质资源家底，保护携带重要基因的资源十分迫切。

（三）丰富我国农作物种质资源基因库，提升竞争力。通过开展农作物种质资源普查与收集，明确不同农作物种质资源的品种多样性和演化特征，预测今后农作物种质资源的变化趋势，丰富国内农作物种质资源的数量和多样性，不仅能够防止具有重要潜在利用价值种质资源的灭绝，而且通过妥善保存，能够为未来国家生物产业的发展提供源源不断的基因资源，提升国际竞争力。

二、目标任务

（一）农作物种质资源普查和征集。对31个省（区、市）2 228个农业县（市）开展各类作物种质资源的全面普查，基本查清各类作物的种植历史、栽培制度、品种更替、社会经济和环境变化，以及重要作物的野生近缘植物种类、地理分布、生态环境和濒危状况等重要信息。填写《第三次全国农作物种质资源普查与收集行动普查表》（详见附表1）。在此基础上，征集各类栽培作物和珍稀、濒危作物野生近缘植物的种质资源40 000～45 000份。填写《第三次全国农作物种质资源普查与收集行动种质资源征集表》（详见附表2）。

（二）农作物种质资源系统调查和抢救性收集。在普查基础上，选择665个农作物种质资源丰富的农业县（市）进行各类作物种质资源的系统调查，抢救性收集各类栽培作物的古老地方品种、种植年代久远的育成品种、重要作物的野生近缘植物以及其他珍稀、濒危野生植物种质资源55 000～60 000份。填写《第三次全国农作物种质资源普查与收集行动种质资源调查表》（详见附表3）。

（三）农作物种质资源鉴定评价和编目保存。在适宜的生态区域，对征集和收集的种质资源进行繁殖和基本生物学特征特性的鉴定评价，经过整理、整合并结合农民认知进行编目，入库（圃）妥善保存各类作物种质资源70 000份左右。

（四）农作物种质资源数据库建设。建立全国农作物种质资源普查数据库和编目数据库，编写全国农作物种质资源普查报告、系统调查报告、种质资源目录和重要作物种质资源图集等技术报告，按照国家有关规定向国内开放共享。

三、实施范围、期限与进度

（一）实施范围。河北、山西、内蒙古、辽宁、吉林、黑龙江、江苏、浙江、安徽、福建、江西、山东、河南、湖北、湖南、广东、广西、海南、重庆、四川、贵州、云南、西藏、陕西、甘肃、青海、宁夏、新疆、北京、天津、上海等31个省（区、市）。

（二）实施期限。2015年1月1日至2020年12月31日。

（三）实施进度。2015—2018年，以农作物种质资源普查与征集、系统调查和抢救性收集为主；2018—2020年，集中进行农作物种质资源的种植、鉴定、评价、编目、入库保存（详见附表4）。

四、任务分工及运行方式

（一）任务分工

1.中国农业科学院作物科学研究所。负责普查与收集行动的组织实施和日常管理。研究提出实施方案和管理办法；编制普查与征集、系统调查和抢救性收集等相关技术标准、规范和培训教材，并组织开展技术培训；指导并参与各省（区、市）农作物种质资源的普查征集、调查收集；协同开展种质资源表型鉴定与基因型鉴定，编制种质资源目录，妥善入库（圃）保存；建立全国农作物种质资源普查与调查数据库；编制行动进展报告，提出农作物种质资源保护与可持续利用建议。

2.省级种子管理机构。负责组织本辖区内农业县（市）的农作物种质资源的全面普查和征集。参与组织普查与征集人员培训，建立省级种质资源普查与调查数据库。

3.县级农业局。承担本县（市、区）农作物种质资源的全面普查和征集。组织普查人员对辖区内的种质资源进行普查，并将数据录入数据库；每个县征集当地古老、珍稀、特有、名优作物地方品种和作物野生近缘植物种质资源20～30份，并将征集的农作物种质资源送交本省农业科学院。

4.省级农业科学院。负责组织本辖区内农作物种质资源丰富县（市）的系统调查和抢救性收集，每个县抢救性收集各类作物种质资源80～100份，妥善保存本省征集和收集的各类作物种质资源，以及繁殖、鉴定、评价，并将鉴定结果和种质资源提交国家作物种质库（圃）。

5.**中国农业科学院相关研究所及其他相关科研机构**。根据各省（区、市）农作物种质资源的类别和系统调查的实际需求，中国农业科学院水稻研究所、油料作物研究所、棉花研究所、果树研究所、蔬菜花卉研究所、麻类作物研究所等，参加各省（区、市）相应作物种质资源的系统调查和抢救性收集。同时邀请中国科学院、农业大专院校等科研机构的专业技术人员，参与本专业作物种质资源系统调查和抢救性收集。

（二）运行方式。中国农业科学院作物科学研究所统一制定各类标准、设计各类表格、编制培训材料、组织技术培训；省级种子管理机构协调有关县的农作物种质资源全面普查和征集，汇总有关县提交的普查信息，审核通过后提交国家种质信息中心；省级农业科学院组织农作物种质资源丰富县（市）的系统调查和抢救性收集，对各县征集和收集的种质资源进行鉴定评价编目后，提交国家作物种质库（圃）妥善保存。运行方式见下图。

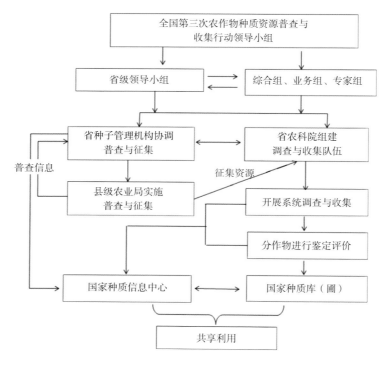

五、重点工作

（一）组建普查与收集专业队伍。相关省级种子管理机构指导有关县农业局，组建由专业技术人员构成的普查工作组，相关省级农业科学院组织种质资源、作物育种与栽培、植物分类学等专业人员组建系统调查课题组，分别开展农作物种质资源普查与征集、系统调查与抢救性收集工作。

（二）开展技术培训。中国农业科学院作物科学研究所组织制定种质资源普查、系统调查和采集标准；设计制作种质资源普查、系统调查和采集表格；编制培训教材。

分省举办种质资源普查与征集培训班。主要内容包括：解读农作物种质资源普查与收集行动实施方案及管理办法，培训文献资料查阅、资源分类、信息采集、数据填报、样本征集、资源保存等方法，以及如何与农户座谈交流等。

每年举办1次系统调查与抢救性收集培训。主要内容包括：解读农作物种质资源普查与收集行动实施方案及管理办法，培训资源目录查阅核对、调查点遴选、仪器设备使用、信息采集、数据填报、资源收集、妥善保存、鉴定评价等。

（三）加强项目督导。农业部种子管理局会同中国农业科学院作物科学研究所等单位，通过中期检查、年终总结和随机检查等方式，对各省执行进度和完成情况进行督导，确保行动方案稳步推进、顺利实施。

（四）加强宣传引导。组织人民日报、农民日报、中央电视台等媒体跟踪报道，宣传本次种质资源普查与收集行动的重要意义和主要成果，提升全社会参与保护作物种质资源多样性的意识和行动，推动农作物种质资源保护与利用可持续发展。

六、保障措施

（一）成立领导小组。农业部成立第三次全国农作物种质资源普查与收集行动领导小组。余欣荣副部长任组长，农业部种子局、中国农业科学院负责人任副组长，成员包括：农业部种子局、财务司、科教司、种植业司、农垦局、畜牧业司等司局负责人，各省（区、市）农业（农牧、农村经济）厅（委、局）负责人，中国农业科学院作物科学研究所主要负责人等。主要职责是，研究协调农作物种质资源普查与收集行动的资金争取、政策支持、人员调配等重大问题，审定农作物种质资源普查与收集行动实施方案和管理办法。领导小组下设综合组、业务组和专家组。

1.**综合组**：农业部种子局会同财务司、中国农业科学院作物科学研究所成立综合组。主要职责：负责落实领导小组决定的重要事项；组织制定农作物种质资源普查与收集行动实施方案及管理办法；协调省级种子管理机构开展农作物种质资源普查与征集，以及省级农业科学院开展农作物种质资源系统调查与收集；组织调度工作进展、开展宣传等工作。

2.**业务组**：中国农业科学院作物科学研究所会同相关研究所成立业务组。主要职责是：根据各作物种质资源状况，指导各省级种子管理机构、农业科学院，组织相关专业技术人员，分别组建普查工作组、系统调查课题组，开展相关工作。

3.**专家组**：成立以中国农业科学院和相关大专院校知名专家组成的专家组（详见附表5）。主要职责是：制定技术路线，提供技术咨询，评价项目实施。

相关省（区、市）农业（农牧、农村经济）厅（委、局）成立省级领导小组，农业厅领导任组长，省级农业科学院和省级种子管理机构主要负责人任副组长，负责本辖区农作物种质资源普查与收集行动的组织协调与监督管理。

（二）强化经费保障。按照第三次全国农作物种质资源普查与收集行动工作要求和进度安排，加大经费支持力度，保障农作物种质资源普查与收集工作实施。

　　（三）制定管理办法。制定第三次全国农作物种质资源普查与收集行动专项管理办法。对人员、财务、物资、资源、信息等进行规范管理，对建立的数据库和专项成果等按照国家法律法规及相关规定实现共享；制定资金管理办法，明确经费预算、使用范围、支付方式、运转程序、责任主体等。

附表1

"第三次全国农作物种质资源普查与收集行动"普查表

（1956年、1981年、2014年）

填表人：_____ 日期：_____年___月___日　联系电话：_____

一、基本情况

（一）县名：_____

（二）历史沿革（名称、地域、区划变化）：_____

（三）行政区划：县辖_____个乡（镇）_____个村，县城所在地_____

（四）地理系统：

县海拔范围_____~_____m，经度范围_____°~_____°

纬度范围_____°~_____°，年均气温_____℃，年均降水量_____mm

（五）人口及民族状况：

总人口数_____万人，其中农业人口_____万人

少数民族数量：_____个，其中人口总数排名前10的民族信息：

民族_____人口_____万人，民族_____人口_____万人

民族_____人口_____万人，民族_____人口_____万人

民族_____人口_____万人，民族_____人口_____万人

民族_____人口_____万人，民族_____人口_____万人

民族_____人口_____万人，民族_____人口_____万人

（六）土地状况：

县总面积_____km²，耕地面积_____万亩

草场面积_____万亩，林地面积_____万亩

湿地（含滩涂）面积_____万亩，水域面积_____万亩

（七）经济状况：

生产总值_____万元，工业总产值_____万元

农业总产值_____万元，粮食总产值_____万元

经济作物总产值_____万元，畜牧业总产值_____万元

水产总产值_____万元，人均收入_____元

（八）受教育情况：

高等教育____%，中等教育____%，初等教育____%，未受教育____%

（九）特有资源及利用情况：_____

_____

（十）当前农业生产存在的主要问题：_____

（十一）总体生态环境自我评价：□优　□良　□中　□差

（十二）总体生活状况（质量）自我评价：□优　□良　□中　□差

（十三）其他：_____

217

二、全县种植的粮食作物情况

作物种类	种植面积（亩）	种植品种数目													
		地方品种					培育品种					具有保健、药用、工艺品、宗教等特殊用途品种			
		数目	代表性品种				数目	代表性品种				名称	用途	单产（kg/亩）	
			名称	面积（亩）	单产（kg/亩）			名称	面积（亩）	单产（kg/亩）				

注：表格不足请自行补给。

三、全县种植的油料、蔬菜、果树、茶、桑、棉麻等主要经济作物情况

作物种类	种植面积（亩）	种植品种数目								具有保健、药用、工艺品、宗教等特殊用途品种		
		地方或野生品种				培育品种				名称	用途	单产（kg/亩）
		数目	代表性品种			数目	代表性品种					
			名称	面积（亩）	单产（kg/亩）		名称	面积（亩）	单产（kg/亩）			

注：表格不足请自行补绘。

附表2

"第三次全国农作物种质资源普查与收集行动"
种质资源征集表

注：*为必填项

样品编号*		日期*	年　月　日
普查单位*		填表人及电话*	
地点*	省　　　市　　　县　　　乡（镇）　　　村		
经度	纬度	海拔	
作物名称		种质名称	
科　名		属名	
种　名		学名	
种质类型	□地方品种　□选育品种　□野生资源　□其他		
种质来源	□当地　□外地　□外国		
生长习性	□一年生　□多年生　□越年生	繁殖习性	□有性　□无性
播种期	（　　）月□上旬　□中旬　□下旬	收获期	（　　）月□上旬　□中旬　□下旬
主要特性	□高产　□优质　□抗病　□抗虫　□耐盐碱　□抗旱 □广适　□耐寒　□耐热　□耐涝　□耐贫瘠　□其他		
其他特性			
种质用途	□食用　□饲用　□保健药用　□加工原料　□其他		
利用部位	□种子（果实）　□根　□茎　□叶　□花　□其他		
种质分布	□广　□窄　□少	种质群落 （野生）	□群生　□散生
生态类型	□农田　□森林　□草地　□荒漠　□湖泊　□湿地　□海湾		
气候带	□热带　□亚热带　□暖温带　□温带　□寒温带　□寒带		
地形	□平原　□山地　□丘陵　□盆地　□高原		
土壤类型	□盐碱土　□红壤　□黄壤　□棕壤　□褐土　□黑土　□黑钙土 □栗钙土　□漠土　□沼泽土　□高山土　□其他		
采集方式	□农户搜集　□田间采集　□野外采集　□市场购买　□其他		
采集部位	□种子　□植株　□种茎　□块根　□果实　□其他		
样品数量	（　　）粒（　　）克（　　）个/条/株		
样品照片			
是否采集 标本	□是　□否		
提供人	姓名：　　性别：　　民族：　　年龄：　　联系电话：		
备注			

填写说明

本表为征集资源时所填写的资源基本信息表，一份资源填写一张表格。

1. 样品编号：征集的资源编号。由P+县代码+3位顺序号组成，共10位，顺序号由001开始递增，如"P430124008"。

2. 日期：分别填写阿拉伯数字，如2011、10、1。

3. 普查单位：组织实地普查与征集单位的全称。

4. 填表人及电话：填表人全名和联系电话。

5. 地点：分别填写完整的省、市、县、乡（镇）和村的名字。

6. 经度、纬度：直接从GPS上读数，请用"度"格式，即ddd.dddddd（只填写数字，不要填写"度"字或是"°"符号），不要用dd度mm分ss秒格式和dd度mm.mmmm分格式。一定要在GPS显示已定位后再读数！

7. 海拔：直接从GPS上读数。

8. 作物名称：该作物种类的中文名称，如水稻、小麦等。

9. 种质名称：该份种质的中文名称。

10. 科名、属名、种名、学名：填写拉丁名和中文名。

11. 种质类型：单选，根据实际情况选择。

12. 生长习性：单选，根据实际情况选择。

13. 繁殖习性：单选，根据实际情况选择。

14. 播种期、收获期：括号内填写月份的阿拉伯数字，再选择上、中、下旬。

15. 主要特性：可多选，根据实际情况选择。

16. 其他特性：该资源的其他重要特性。

17. 种质用途：可多选，根据实际情况选择。

18. 种质分布、种质群落：单选，根据实际情况选择。

19. 生态类型：单选，根据实际情况选择。

20. 气候带：单选，根据实际情况选择。

21. 地形：单选，根据实际情况选择。

22. 土壤类型：单选，根据实际情况选择。

23. 采集方式：单选，根据实际情况选择。

24. 采集部位：可多选，根据实际情况选择。

25. 样品数量：按实际情况选择粒、克或个/条/份，填写阿拉伯数字。

26. 样品照片：样品的全写、典型特征和样品生境照片的文件名，采用"样品编号"-1、"样品编号"-2……的方式对照片文件进行命名，如"P430124008-1.jpg"。

27. 是否采集标本：单选，根据实际情况选择。

28. 提供人：样品提供人（如农户等）的个人信息。

29. 备注：如表格填写项不足以描述该资源的情况，或普查人员觉得必须要加以记载的其他信息，请在此作详细描述。

附表3

"第三次全国农作物种质资源普查与收集行动"种质资源调查表
——粮食、油料、蔬菜及其他一年生作物

□ 未收集的一般性资源　　　□ 特有和特异资源

1. 样品编号：＿＿＿＿＿＿，日期：＿＿＿＿年＿＿月＿＿日
   采集地点：＿＿＿＿＿＿，样品类型：＿＿＿＿＿＿，
   采集者及联系方式：＿＿＿＿＿＿＿＿＿＿
2. 生物学：物种拉丁名：＿＿＿＿，作物名称：＿＿＿＿，品种名称：＿＿＿＿，
   俗名：＿＿＿＿，生长发育及繁殖习性：＿＿＿＿＿＿，其他：＿＿＿＿＿
3. 品种类别：□ 野生资源，□ 地方品种，□ 育成品种，□ 引进品种
4. 品种来源：□ 前人留下，□ 换　　种，□ 市场购买，□ 其他途径：＿＿＿
5. 该品种已种植了大约＿＿＿＿年，在当地大约有＿＿＿＿农户种植该品种，
   该品种在当地的种植面积大约有＿＿＿＿亩
6. 该品种的生长环境：GPS定位的海拔：＿＿＿m，经度：＿＿＿°，纬度：＿＿＿°；
   土壤类型：＿＿＿＿；分布区域：＿＿＿＿＿＿＿＿＿＿＿；
   伴生、套种或周围种植的作物种类：＿＿＿＿＿＿＿＿＿
7. 种植该品种的原因：□ 自家食用，□ 市场出售，□ 饲料用，□ 药用，□ 观赏，
   □ 其他用途：＿＿＿＿＿＿＿
8. 该品种若具有高效（低投入，高产出）、保健、药用、工艺品、宗教等特殊
   用途：
   具体表现：＿＿＿＿＿＿＿＿＿＿
   具体利用方式与途径：＿＿＿＿＿＿＿＿
9. 该品种突出的特点（具体化）：
   优质：＿＿＿＿＿＿＿＿＿＿＿＿
   抗病：＿＿＿＿＿＿＿＿＿＿＿＿
   抗虫：＿＿＿＿＿＿＿＿＿＿＿＿
   抗寒：＿＿＿＿＿＿＿＿＿＿＿＿
   抗旱：＿＿＿＿＿＿＿＿＿＿＿＿
   耐贫瘠：＿＿＿＿＿＿＿＿＿＿＿
   产量：平均单产＿＿＿＿kg/亩，最高单产＿＿＿＿kg/亩
   其他：＿＿＿＿＿＿＿＿＿＿＿＿
10. 利用该品种的部位：□ 种子，□ 茎，□ 叶，□ 根，□ 其他：＿＿＿＿＿

11. 该品种株高＿＿＿＿＿cm，穗长＿＿＿＿＿cm，籽粒：□ 大，□ 中，□ 小；品质：□ 优，□ 中，□ 差

12. 该品种大概的播种期：＿＿＿＿＿＿，收获期：＿＿＿＿＿＿＿＿＿＿

13. 该品种栽种的前茬作物：＿＿＿＿＿，后茬作物：＿＿＿＿＿＿＿＿

14. 该品种栽培管理要求（病虫害防治、施肥、灌溉等）：＿＿＿＿＿＿＿
＿＿＿＿＿＿＿＿＿＿＿＿＿＿＿＿＿＿＿＿＿＿＿＿＿＿＿＿＿＿＿＿＿

15. 留种方法及种子保存方式：＿＿＿＿＿＿＿＿＿＿＿＿＿＿＿＿＿＿

16. 样品提供者：姓名：＿＿＿，性别：＿＿，民族：＿＿＿，年龄：＿＿＿，
文化程度：＿＿＿，家庭人口：＿＿＿人，联系方式：＿＿＿＿＿＿＿

17. 照相：样品照片编号：＿＿＿＿＿＿＿＿＿＿＿＿＿＿＿＿＿＿＿

注：照片编号与样品编号一致，若有多张照片，用"样品编号"加"-"加序号，样品提供者、生境、伴生物种、土壤等照片的编号与样品编号一致。

18. 标本：标本编号：＿＿＿＿＿＿＿＿＿＿＿

注：在无特殊情况下，每份野生资源样品都必须制作1~2个相应材料的典型、完整的标本，标本编号与样品编号一致，若有多个标本，用"样品编号"加"-"加序号。

19. 取样：在无特殊情况下，地方品种、野生种每个样品（品种）都必须从田间不同区域生长的至少50个单株上各取1个果穗，分装保存，确保该品种的遗传多样性，并作为今后繁殖、入库和研究之用；栽培品种选取15个典型植株各取1个果穗混合保存。

20. 其他需要记载的重要情况：＿＿＿＿＿＿＿＿＿＿＿＿＿＿＿＿＿＿

"第三次全国农作物种质资源普查与收集行动"种质资源调查表
——果树、茶、桑及其他多年生作物

1. 样品编号：＿＿＿＿＿＿＿，日期：＿＿＿＿＿年＿＿月＿＿日
   采集地点：＿＿＿＿＿＿＿＿＿，样品类型：＿＿＿＿＿＿＿＿＿，
   采集者及联系方式：＿＿＿＿＿＿＿＿＿＿＿＿＿＿＿＿
2. 生物学：物种拉丁名：＿＿＿＿，作物名称：＿＿＿＿＿＿，品种名称：＿＿＿＿＿＿，
   俗名：＿＿＿＿＿＿，分布区域：＿＿＿＿＿＿＿，历史演变：＿＿＿＿＿＿＿＿＿，
   伴生物种：＿＿＿＿＿＿＿＿＿＿＿，生长发育及繁殖习性：＿＿＿＿＿＿＿＿＿，
   极端生物学特性：＿＿＿＿＿＿＿＿，其他：＿＿＿＿＿＿＿＿＿＿＿＿
3. 地理系统：GPS定位：海拔＿＿＿＿＿m，经度＿＿＿＿＿°，纬度：＿＿＿＿＿°；
   地形：＿＿＿＿＿＿＿＿；地貌：＿＿＿＿＿＿＿＿；年均气温：＿＿＿＿℃；
   年均降水量：＿＿＿＿＿mm；其他：＿＿＿＿＿＿＿＿＿＿＿＿
4. 生态系统：土壤类型：＿＿＿＿＿＿＿，植被类型：＿＿＿＿＿＿＿＿＿＿
   植被覆盖率：＿＿＿＿＿％，其他：＿＿＿＿＿＿＿＿＿＿＿＿
5. 品种类别：□ 地方品种，□ 育成品种，□ 引进品种，□ 野生资源
6. 品种来源：□ 前人留下，□ 换　　种，□ 市场购买，□ 其他途径：＿＿＿＿＿
7. 种植该品种的原因：□ 自家食用，□ 饲用，□ 市场销售，□ 药用，□ 其他；
   用途：＿＿＿＿＿＿＿＿＿＿＿＿＿＿＿＿＿＿＿＿＿＿
8. 品种特性：
   优质：＿＿＿＿＿＿＿＿＿＿＿＿＿＿＿＿＿＿＿＿＿＿
   抗病：＿＿＿＿＿＿＿＿＿＿＿＿＿＿＿＿＿＿＿＿＿＿
   抗虫：＿＿＿＿＿＿＿＿＿＿＿＿＿＿＿＿＿＿＿＿＿＿
   产量：＿＿＿＿＿＿＿＿＿＿＿＿＿＿＿＿＿＿＿＿＿＿
   其他：＿＿＿＿＿＿＿＿＿＿＿＿＿＿＿＿＿＿＿＿＿＿
9. 该品种的利用部位：□ 果实，□ 种子，□ 植株，□ 叶片，□ 根，□ 其他＿＿＿
10. 该品种具有的药用或其他用途：
    具体用途：＿＿＿＿＿＿＿＿＿＿＿＿＿＿＿＿＿＿＿＿
    利用方式与途径：＿＿＿＿＿＿＿＿＿＿＿＿＿＿＿＿＿
11. 该品种其他特殊用途和利用价值：□ 观赏，□ 砧木，□ 其他＿＿＿＿＿＿＿
12. 该品种的种植密度：＿＿＿＿＿＿＿＿＿＿＿＿，间种作物：＿＿＿＿＿＿＿
13. 该品种在当地的物候期：＿＿＿＿＿＿＿＿＿＿＿＿＿＿
14. 品种提供者种植该品种大约有＿＿＿＿年，现在种植的面积大约＿＿＿＿亩，当地
    大约有＿＿＿＿户农户种植该品种，种植面积大约有＿＿＿＿亩
15. 该品种大概的开花期：＿＿＿＿＿＿＿＿＿＿＿＿，成熟期：＿＿＿＿＿＿＿

16. 该品种栽种管理有什么特别的要求?

_____

17. 该品种株高:_____m,果实大小:_____mm,

果实品质:□ 优,□ 中,□ 差

18. 品种提供者一年种植哪几种作物:_____

19. 其他:_____

20. 样品提供者:姓名:_____,性别:_____,民族:_____,

年龄:_____,文化程度:_____,家庭人口:_____人,

联系方式:_____

附表4

"第三次全国农作物种质资源普查与收集行动"实施进度表

年份	普查与征集		调查与收集		资源鉴定评价（份）	资源编目入库（份）
	省别	县（个）	省别	县（个）		
2015年	湖南、湖北、广西、重庆（4省）	235	湖南、湖北、广西、重庆（4省）	22	0	0
2016年	广东、海南、福建、江西、浙江、安徽、四川、陕西（9省）	715	湖南、湖北、广东、重庆、海南、福建、江苏、浙江、四川、陕西（13省）	100	7 000	5 000
2017年	西藏、青海、新疆、甘肃、内蒙古、山西、宁夏、河南（8省）	612	广东、海南、福建、江西、浙江、江苏、安徽、四川、陕西、青海、新疆、甘肃、宁夏、内蒙古、山西、河南（17省）	160	12 000	8 000
2018年	山东、河北、吉林、辽宁、黑龙江、云南、贵州（7省）	638	广东、海南、福建、江西、浙江、安徽、江苏、四川、陕西、青海、新疆、甘肃、宁夏、内蒙古、山西、河南、河北、山东、吉林、辽宁、黑龙江、云南、贵州（24省）	168	12 000	8 000
2019年	北京、上海、天津	28	西藏、青海、新疆、甘肃、宁夏、内蒙古、山西、河南、河北、山东、吉林、辽宁、黑龙江、云南（15省）	200	25 000	15 000
2020年			北京、上海、天津（3市）	15	44 000	34 000
合计		2 228		665	100 000	70 000

附表5

"第三次全国农作物种质资源普查与收集行动"
专家组名单

姓名	工作单位	职称	备注
刘　旭	中国工程院	副院长、院士	组长
方智远	中国农业科学院	中国工程院院士	成员
戴景瑞	中国农业大学	中国工程院院士	成员
盖钧镒	南京农业大学	中国工程院院士	成员
邓秀新	华中农业大学	校长、中国工程院院士	成员
喻树迅	中国农业科学院棉花研究所	中国工程院院士	成员
王汉中	中国农业科学院	副院长、研究员	成员
万建民	中国农业科学院作物科学研究所	所长、教授	成员
刘凤之	中国农业科学院果树研究所	所长、研究员	成员
刘国道	中国热带农业科学院	副院长、研究员	成员
陈业渊	中国热带农业科学院品种资源所	所长、研究员	成员
马克平	中国科学院植物研究所	研究员	成员
董英山	吉林农业科学院	副院长、研究员	成员
黄兴奇	云南农业科学院	研究员	成员
李立会	中国农业科学院作物科学研究所	研究员	成员

附录二　农业部办公厅关于印发

《第三次全国农作物种质资源普查与收集

行动2015年实施方案》的通知

（农业部办公厅　农办种〔2015〕28号　2015年7月17日印发）

湖北、湖南、广西、重庆农业厅（委）、农业科学院，中国农业科学院作物科学研究所：

为实施好第三次全国农作物种质资源普查与收集行动，农业部种子管理局会同中国农业科学院作物科学研究所制定了《第三次全国农作物种质资源普查与收集行动2015年实施方案》。现将方案印发你们，请遵照执行。

农业部办公厅

2015年7月16日

第三次全国农作物种质资源普查与
收集行动2015年实施方案

根据第三次全国农作物种质资源普查与收集行动实施方案要求，特制定2015年实施方案。

一、工作目标

（一）完成湖北、湖南、广西、重庆4省（区、市）235个农业县（市）的作物种质资源普查与征集

基本查清该县各类作物的种植历史、栽培制度、品种更替、社会经济和环境变化、种质资源的种类、分布、多样性及其消长状况等基本信息，以及重要作物的野生近缘植物种类、地理分布、生态环境和濒危状况等重要信息；分析当地气候、环境、人口、文化及社会经济发展对作物种质资源变化的影响；揭示作物种质资源的演变规律及其发展趋势。填写《第三次全国农作物种质资源普查与收集行动普查表》（见附件1、2）。

征集当地古老、珍稀、特有、名优的作物地方品种和野生近缘植物种质资源5 000份左右。对其特有的营养品质、食味性、抗病虫性、抗逆性、对气候变化的适应性等进行深度发掘，明确其在更大范围的可利用性及其推广潜力。填写《第三次全国农作物种质资源普查与收集行动种质资源征集表》（见附件3）。

（二）完成4省（区、市）22个县作物种质资源的系统调查与抢救性收集

系统调查每类作物种质资源的科、属、种、品种，分布区域、生态环境、历史沿革、濒危状况、保护现状等信息；深入了解当地农民对其优良特性、栽培方式、利用价值、适应范围等方面的认知，为种质资源保护和利用提供基础信息。填写《第三次全国农作物种质资源普查与收集种质资源调查表》（见附件4）。22县名单见附件5。

抢救性收集各类作物古老的地方品种及其野生近缘植物资源2 000份左右。

（三）种质资源保存

征集和收集的种质资源，分别由4省（区、市）农业科学院妥善保存，以备鉴定编目入库。

二、工作措施

（一）制定种质资源普查与收集标准和编写培训教材

中国农业科学院作物科学研究所组织制定各作物种质资源普查、系统调查和采集标

准；设计制作各作物种质资源普查、系统调查和采集表格；编制培训教材。

（二）组建普查与收集专业队伍

1. 指导4省（区、市）种子管理机构及有关县农业局，组建由相关专业管理和技术人员构成的普查工作组，开展农作物种质资源普查与征集工作。

2. 指导4省（区、市）省级农业科学院组织农作物种质资源、作物育种与栽培、植物分类学等专业人员组建专业队伍，开展系统调查与抢救性收集工作。

（三）开展技术培训

1. 分省举办种质资源普查与征集培训。解读"农作物种质资源普查与收集行动"实施方案及管理办法，培训文献资料查阅、资源分类、信息采集、数据填报、样本征集、资源保存方法，以及如何与农户座谈交流等。

2. 举办系统调查与抢救性收集培训。解读"农作物种质资源普查与收集行动"实施方案及管理办法，培训资源目录查阅核对、调查点遴选、仪器设备使用、信息采集、数据填报、资源收集、妥善保存、鉴定评价等。

三、进度安排

7月上旬：农业部组织召开第三次全国农作物种质资源普查与收集行动启动会。中国农业科学院作物科学研究所与湖北、湖南、广西、重庆4省（区、市）种子管理机构、农业科学院签订任务合同。

7月中下旬：中国农业科学院作物科学研究会同4省（区、市）农业厅，分省举办4期普查与征集培训班。与235个县（市）农业局签订任务合同，拨付专项经费。

8月上旬：中国农业科学院作物科学研究所在湖北省武汉市举办1期系统调查和抢救性收集培训班，对4省（区、市）农业科学院及中国农业科学院相关研究所、有关大专院校的专业技术人员进行培训。

8月中旬至10月底：235个农业县（市）完成农作物种质资源的普查与征集工作，将普查数据录入数据库，将征集的种质资源送交本省农业科学院。

8月下旬至11月底：4省（区、市）农业科学院完成对22个农业县（市）农作物种质资源的系统调查与抢救性收集工作，将征集和收集的种质资源进行整理，临时保存，并建立数据库。

12月：4省（区、市）种子管理机构和农业科学院进行普查和调查资料的整理、汇总，并进行课题总结和专项总结。

附件：

1. "第三次全国农作物种质资源普查与收集行动"2015年普查县清单（235个）

2. "第三次全国农作物种质资源普查与收集行动"普查表

3. "第三次全国农作物种质资源普查与收集行动"种质资源征集表

4. "第三次全国农作物种质资源普查与收集行动"种质资源调查表

5. "第三次全国农作物种质资源普查与收集行动"2015年系统调查县清单（22个）

附件1

"第三次全国农作物种质资源普查与收集行动"

2015年普查县清单（235个）

一、湖北省

序号	普查县（市、区）	备注	序号	普查县（市、区）	备注
1	黄陂区	武汉市	28	云梦县	孝感市
2	新洲区		29	应城市	
3	阳新县	黄石市	30	安陆市	
4	大冶市		31	公安县	荆州市
5	郧西县	十堰市	32	监利县	
6	竹山县		33	江陵县	
7	竹溪县		34	石首市	
8	房县		35	洪湖市	
9	丹江口市		36	松滋市	
10	远安县	宜昌市	37	团风县	黄冈市
11	兴山县		38	红安县	
12	秭归县		39	罗田县	
13	长阳土家族自治县		40	英山县	
14	五峰土家族自治县		41	浠水县	
15	当阳市		42	蕲春县	
16	枝江市		43	黄梅县	
17	南漳县	襄阳市	44	麻城市	
18	谷城县		45	武穴市	
19	保康县		46	嘉鱼县	咸宁市
20	枣阳市		47	通城县	
21	宜城市		48	崇阳县	
22	梁子湖区	鄂州市	49	通山县	
23	京山县	荆门市	50	赤壁市	
24	沙洋县		51	随县	随州市
25	钟祥市		52	广水市	
26	孝昌县	孝感市	53	恩施市	恩施土家族苗族自治州
27	大悟县		54	利川市	

（续表）

序号	普查县（市、区）	备注	序号	普查县（市、区）	备注
55	建始县		59	来凤县	恩施土家族苗族自治州
56	巴东县	恩施土家族苗族自治州	60	鹤峰县	
57	宣恩县		61	天门市	省直辖县级行政区
58	咸丰县		62	神农架林区	

二、湖南省

序号	普查县（市、区）	备注	序号	普查县（市、区）	备注
1	浏阳市	长沙市	26	平江县	岳阳市
2	宁乡县		27	华容县	
3	株洲县	株洲市	28	澧县	常德市
4	炎陵县		29	临澧县	
5	茶陵县		30	桃源县	
6	攸县		31	汉寿县	
7	湘乡市	湘潭市	32	安乡县	
8	韶山市		33	石门县	
9	湘潭县		34	永定区	张家界市
10	耒阳市	衡阳市	35	慈利县	
11	常宁市		36	桑植县	
12	衡东县		37	沅江市	益阳市
13	衡山县		38	桃江县	
14	祁东县		39	南县	
15	武冈市	邵阳市	40	安化县	
16	邵东县		41	资兴市	郴州市
17	洞口县		42	宜章县	
18	新邵县		43	汝城县	
19	绥宁县		44	安仁县	
20	新宁县		45	嘉禾县	
21	隆回县		46	临武县	
22	城步苗族自治县		47	桂东县	
23	临湘市	岳阳市	48	永兴县	
24	汨罗市		49	桂阳县	
25	湘阴县		50	祁阳县	永州市

（续表）

序号	普查县（市、区）	备注	序号	普查县（市、区）	备注
51	蓝山县		66	芷江侗族自治县	
52	宁远县		67	通道侗族自治县	怀化市
53	新田县		68	靖州苗族侗族自治县	
54	东安县	永州市	69	麻阳苗族自治县	
55	江永县		70	涟源市	
56	道县		71	新化县	娄底市
57	双牌县		72	双峰县	
58	江华瑶族自治县		73	古丈县	
59	洪江市		74	龙山县	
60	会同县		75	永顺县	
61	沅陵县		76	凤凰县	湘西土家族苗族自治州
62	辰溪县	怀化市	77	泸溪县	
63	溆浦县		78	保靖县	
64	中方县		79	花垣县	
65	新晃侗族自治县				

三、广西壮族自治区

序号	普查县（市、区）	备注	序号	普查县（市、区）	备注
1	武鸣县		15	灵川县	
2	隆安县		16	全州县	
3	马山县	南宁市	17	平乐县	
4	上林县		18	兴安县	
5	宾阳县		19	灌阳县	
6	横县		20	荔浦县	桂林市
7	柳江县		21	资源县	
8	柳城县		22	永福县	
9	鹿寨县	柳州市	23	龙胜各族自治县	
10	融安县		24	恭城瑶族自治县	
11	融水苗族自治县		25	岑溪市	
12	三江侗族自治县		26	苍梧县	
13	阳朔县	桂林市	27	藤县	梧州市
14	临桂县		28	蒙山县	

（续表）

序号	普查县（市、区）	备注	序号	普查县（市、区）	备注
29	合浦县	北海市	53	靖西县	百色市
30	东兴市	防城港市	54	田东县	
31	上思县		55	那坡县	
32	灵山县	钦州市	56	隆林各族自治县	
33	浦北县		57	钟山县	贺州市
34	桂平市	贵港市	58	昭平县	
35	平南县		59	富川瑶族自治县	
36	北流市	玉林市	60	宜州市	河池市
37	容县		61	天峨县	
38	陆川县		62	凤山县	
39	博白县		63	南丹县	
40	兴业县		64	东兰县	
41	合山市	来宾市	65	都安瑶族自治县	
42	象州县		66	罗城仫佬族自治县	
43	武宣县		67	巴马瑶族自治县	
44	忻城县		68	环江毛南族自治县	
45	金秀瑶族自治县		69	大化瑶族自治县	
46	凌云县	百色市	70	凭祥市	崇左市
47	平果县		71	宁明县	
48	西林县		72	扶绥县	
49	乐业县		73	龙州县	
50	德保县		74	大新县	
51	田林县		75	天等县	
52	田阳县				

四、重庆市

序号	普查县（市、区）
1	璧山区
2	铜梁区
3	潼南县
4	荣昌县
5	梁平县

（续表）

序号	普查县（市、区）
6	城口县
7	丰都县
8	垫江县
9	武隆县
10	忠县
11	开县
12	云阳县
13	奉节县
14	巫山县
15	巫溪县
16	石柱土家族自治县
17	秀山土家族苗族自治县
18	酉阳土家族苗族自治县
19	彭水苗族土家族自治县

附件2

"第三次全国农作物种质资源普查与收集行动"普查表

（1956年、1981年、2014年）

填表人：＿＿＿＿＿＿ 日期：＿＿＿年＿＿月＿＿日　联系电话：＿＿＿＿＿＿＿＿

一、基本情况

（一）县名：＿＿＿＿＿＿＿＿＿＿＿＿＿＿＿＿＿＿

（二）历史沿革（名称、地域、区划变化）：＿＿＿＿＿＿＿＿＿＿＿

（三）行政区划：县辖＿＿＿＿个乡（镇）＿＿＿＿个村，县城所在地＿＿＿＿＿

（四）地理系统：

县海拔范围＿＿＿＿～＿＿＿＿m，经度范围＿＿＿°～＿＿＿°

纬度范围＿＿＿°～＿＿＿°，年均气温＿＿＿℃，年均降水量＿＿＿mm

（五）人口及民族状况：

总人口数＿＿＿＿万人，其中农业人口＿＿＿＿万人

少数民族数量：＿＿＿＿个，其中人口总数排名前10的民族信息：

民族＿＿＿人口＿＿＿万人，民族＿＿＿人口＿＿＿万人

民族＿＿＿人口＿＿＿万人，民族＿＿＿人口＿＿＿万人

民族＿＿＿人口＿＿＿万人，民族＿＿＿人口＿＿＿万人

民族＿＿＿人口＿＿＿万人，民族＿＿＿人口＿＿＿万人

民族＿＿＿人口＿＿＿万人，民族＿＿＿人口＿＿＿万人

（六）土地状况：

县总面积＿＿＿＿＿＿km²，耕地面积＿＿＿＿＿万亩

草场面积＿＿＿＿＿万亩，林地面积＿＿＿＿＿万亩

湿地（含滩涂）面积＿＿＿＿万亩，水域面积＿＿＿＿万亩

（七）经济状况：

生产总值＿＿＿＿＿＿万元，工业总产值＿＿＿＿＿万元

农业总产值＿＿＿＿＿万元，粮食总产值＿＿＿＿＿万元

经济作物总产值＿＿＿＿万元，畜牧业总产值＿＿＿＿万元

水产总产值＿＿＿＿＿万元，人均收入＿＿＿＿＿元

（八）受教育情况：

高等教育＿＿＿%，中等教育＿＿＿%，初等教育＿＿＿%，未受教育＿＿＿%

（九）特有资源及利用情况：＿＿＿＿＿＿＿＿＿＿＿＿

＿＿＿＿＿＿＿＿＿＿＿＿＿＿＿＿＿＿＿＿＿＿

（十）当前农业生产存在的主要问题：＿＿＿＿＿＿＿＿＿＿

（十一）总体生态环境自我评价：□优　□良　□中　□差

（十二）总体生活状况（质量）自我评价：□优　□良　□中　□差

（十三）其他：＿＿＿＿＿＿＿＿＿＿＿＿＿＿＿＿

二、全县种植的粮食作物情况

作物种类	种植面积（亩）	种植品种数目								具有保健、药用、工艺品、宗教等特殊用途品种		
		地方品种				培育品种				名称	用途	单产（kg/亩）
		数目	代表性品种			数目	代表性品种					
			名称	面积（亩）	单产（kg/亩）		名称	面积（亩）	单产（kg/亩）			

注：表格不足请自行补足。

三、全县种植的油料、蔬菜、果树、茶、桑、棉麻等主要经济作物情况

作物种类	种植面积（亩）	种植品种数目									具有保健、药用、工艺品、宗教等特殊用途品种		
		地方或野生品种				培育品种				名称	用途	单产（kg/亩）
		数目	代表性品种			数目	代表性品种					
			名称	面积（亩）	单产（kg/亩）		名称	面积（亩）	单产（kg/亩）			

注：表格不足请自行补足。

附件3

"第三次全国农作物种质资源普查与收集行动"
种质资源征集表

注：*为必填项

样品编号*		日期*		年　月　日
普查单位*		填表人及电话*		
地点*	省　　　市　　　县　　　乡（镇）　　　村			
经度		纬度		海拔
作物名称		种质名称		
科　名		属名		
种　名		学名		
种质类型	□地方品种　□选育品种　□野生资源　□其他			
种质来源	□当地　□外地　□外国			
生长习性	□一年生　□多年生　□越年生	繁殖习性	□有性　□无性	
播种期	（　）月□上旬　□中旬　□下旬	收获期	（　）月□上旬　□中旬　□下旬	
主要特性	□高产　□优质　□抗病　□抗虫　□耐盐碱　□抗旱 □广适　□耐寒　□耐热　□耐涝　□耐贫瘠　□其他			
其他特性				
种质用途	□食用　□饲用　□保健药用　□加工原料　□其他			
利用部位	□种子（果实）　□根　□茎　□叶　□花　□其他			
种质分布	□广　□窄　□少	种质群落（野生）	□群生　□散生	
生态类型	□农田　□森林　□草地　□荒漠　□湖泊　□湿地　□海湾			
气候带	□热带　□亚热带　□暖温带　□温带　□寒温带　□寒带			
地形	□平原　□山地　□丘陵　□盆地　□高原			
土壤类型	□盐碱土　□红壤　□黄壤　□棕壤　□褐土　□黑土　□黑钙土 □栗钙土　□漠土　□沼泽土　□高山土　□其他			
采集方式	□农户搜集　□田间采集　□野外采集　□市场购买　□其他			
采集部位	□种子　□植株　□种茎　□块根　□果实　□其他			
样品数量	（　）粒（　）克（　）个/条/株			
样品照片				
是否采集标本	□是　□否			
提供人	姓名：　　性别：　　民族：　　年龄：　　联系电话：			
备注				

填写说明

本表为征集资源时所填写的资源基本信息表，一份资源填写一张表格。

1. 样品编号：征集的资源编号。由P +县代码+3位顺序号组成，共10位，顺序号由001开始递增，如"P430124008"。

2. 日期：分别填写阿拉伯数字，如2011、10、1。

3. 普查单位：组织实地普查与征集单位的全称。

4. 填表人及电话：填表人全名和联系电话。

5. 地点：分别填写完整的省、市、县、乡（镇）和村的名字。

6. 经度、纬度：直接从GPS上读数，请用"度"格式，即ddd.dddddd（只填写数字，不要填写"度"字或是"°"符号），不要用dd度mm分ss秒格式和dd度mm.mmmm分格式。一定要在GPS显示已定位后再读数！

7. 海拔：直接从GPS上读数。

8. 作物名称：该作物种类的中文名称，如水稻、小麦等。

9. 种质名称：该份种质的中文名称。

10. 科名、属名、种名、学名：填写拉丁名和中文名。

11. 种质类型：单选，根据实际情况选择。

12. 生长习性：单选，根据实际情况选择。

13. 繁殖习性：单选，根据实际情况选择。

14. 播种期、收获期：括号内填写月份的阿拉伯数字，再选择上、中、下旬。

15. 主要特性：可多选，根据实际情况选择。

16. 其他特性：该资源的其他重要特性。

17. 种质用途：可多选，根据实际情况选择。

18. 种质分布、种质群落：单选，根据实际情况选择。

19. 生态类型：单选，根据实际情况选择。

20. 气候带：单选，根据实际情况选择。

21. 地形：单选，根据实际情况选择。

22. 土壤类型：单选，根据实际情况选择。

23. 采集方式：单选，根据实际情况选择。

24. 采集部位：可多选，根据实际情况选择。

25. 样品数量：按实际情况选择粒、克或个/条/份，填写阿拉伯数字。

26. 样品照片：样品的全写、典型特征和样品生境照片的文件名，采用"样品编号"-1、"样品编号"-2……的方式对照片文件进行命名，如"P430124008-1.jpg"。

27. 是否采集标本：单选，根据实际情况选择。

28. 提供人：样品提供人（如农户等）的个人信息。

29. 备注：如表格填写项不足以描述该资源的情况，或普查人员觉得必须要加以记载的其他信息，请在此作详细描述。

附件4

"第三次全国农作物种质资源普查与收集行动"种质资源调查表
——粮食、油料、蔬菜及其他一年生作物

□ 未收集的一般性资源　　　□ 特有和特异资源

1. 样品编号：＿＿＿＿＿＿＿，日期：＿＿＿＿＿年＿＿月＿＿日
　采集地点：＿＿＿＿＿＿＿，样品类型：＿＿＿＿＿＿＿，
　采集者及联系方式：＿＿＿＿＿＿＿＿
2. 生物学：物种拉丁名：＿＿＿＿＿，作物名称：＿＿＿＿＿，品种名称：＿＿＿＿，
俗名：＿＿＿＿，生长发育及繁殖习性：＿＿＿＿，其他：＿＿＿＿＿＿＿
3. 品种类别：□ 野生资源，□ 地方品种，□ 育成品种，□ 引进品种
4. 品种来源：□ 前人留下，□ 换　　种，□ 市场购买，□ 其他途径：＿＿＿＿
5. 该品种已种植了大约＿＿＿＿年，在当地大约有＿＿＿＿农户种植该品种，
　该品种在当地的种植面积大约有＿＿＿＿亩
6. 该品种的生长环境：GPS定位的海拔：＿＿＿m，经度：＿＿＿°，纬度：＿＿＿°；
　土壤类型：＿＿＿＿；分布区域：＿＿＿＿＿＿＿＿＿；
　伴生、套种或周围种植的作物种类：＿＿＿＿＿＿＿＿＿
7. 种植该品种的原因：□ 自家食用，□ 市场出售，□ 饲料用，□ 药用，□ 观赏，
　□ 其他用途：＿＿＿＿＿＿
8. 该品种若具有高效（低投入，高产出）、保健、药用、工艺品、宗教等特殊
用途：
　具体表现：＿＿＿＿＿＿＿＿＿＿＿＿＿
　具体利用方式与途径：＿＿＿＿＿＿＿＿＿＿
9. 该品种突出的特点（具体化）：
　优质：＿＿＿＿＿＿＿＿＿＿＿＿＿＿
　抗病：＿＿＿＿＿＿＿＿＿＿＿＿＿＿
　抗虫：＿＿＿＿＿＿＿＿＿＿＿＿＿＿
　抗寒：＿＿＿＿＿＿＿＿＿＿＿＿＿＿
　抗旱：＿＿＿＿＿＿＿＿＿＿＿＿＿＿
　耐贫瘠：＿＿＿＿＿＿＿＿＿＿＿＿＿
　产量：平均单产＿＿＿＿＿＿kg/亩，最高单产＿＿＿＿＿＿kg/亩
　其他：＿＿＿＿＿＿＿＿＿＿＿＿＿＿
10. 利用该品种的部位：□ 种子，□ 茎，□ 叶，□ 根，□ 其他：＿＿＿＿＿＿

11. 该品种株高_____cm，穗长_____cm，籽粒：□ 大，□ 中，□ 小；品质：□ 优，□ 中，□ 差

12. 该品种大概的播种期：_____，收获期：_____

13. 该品种栽种的前茬作物：_____，后茬作物：_____

14. 该品种栽培管理要求（病虫害防治、施肥、灌溉等）：_____

_____

15. 留种方法及种子保存方式：_____

16. 样品提供者：姓名：_____，性别：____，民族：_____，年龄：_____，

文化程度：_____，家庭人口：_____人，联系方式：_____

17. 照相：样品照片编号：_____

注：照片编号与样品编号一致，若有多张照片，用"样品编号"加"-"加序号，样品提供者、生境、伴生物种、土壤等照片的编号与样品编号一致。

18. 标本：标本编号：_____

注：在无特殊情况下，每份野生资源样品都必须制作1~2个相应材料的典型、完整的标本，标本编号与样品编号一致，若有多个标本，用"样品编号"加"-"加序号。

19. 取样：在无特殊情况下，地方品种、野生种每个样品（品种）都必须从田间不同区域生长的至少50个单株上各取1个果穗，分装保存，确保该品种的遗传多样性，并作为今后繁殖、入库和研究之用；栽培品种选取15个典型植株各取1个果穗混合保存。

20. 其他需要记载的重要情况：_____

"第三次全国农作物种质资源普查与收集行动"种质资源调查表

——果树、茶、桑及其他多年生作物

1. 样品编号：＿＿＿＿＿，日期：＿＿＿＿年＿＿月＿＿日
   采集地点：＿＿＿＿＿＿＿＿，样品类型：＿＿＿＿＿＿＿＿，
   采集者及联系方式：＿＿＿＿＿＿＿＿＿＿＿＿＿
2. 生物学：物种拉丁名：＿＿＿＿，作物名称：＿＿＿＿＿＿，品种名称：＿＿＿＿＿，
   俗名：＿＿＿＿＿，分布区域：＿＿＿＿＿＿，历史演变：＿＿＿＿＿＿＿＿，
   伴生物种：＿＿＿＿＿＿＿＿＿＿，生长发育及繁殖习性：＿＿＿＿＿＿＿＿＿，
   极端生物学特性：＿＿＿＿＿＿＿，其他：＿＿＿＿＿＿＿＿＿＿＿
3. 地理系统：GPS定位：海拔＿＿＿＿＿m，经度＿＿＿＿＿°，纬度：＿＿＿＿＿°；
   地形：＿＿＿＿＿＿＿；地貌：＿＿＿＿＿＿＿；年均气温：＿＿＿＿＿℃；
   年均降水量：＿＿＿＿＿mm；其他：＿＿＿＿＿＿＿＿＿＿
4. 生态系统：土壤类型：＿＿＿＿＿＿，植被类型：＿＿＿＿＿＿＿＿＿
   植被覆盖率：＿＿＿＿＿％，其他：＿＿＿＿＿＿＿＿＿＿
5. 品种类别：□ 地方品种，□ 育成品种，□ 引进品种，□ 野生资源
6. 品种来源：□ 前人留下，□ 换　种，□ 市场购买，□ 其他途径：＿＿＿＿
7. 种植该品种的原因：□ 自家食用，□ 饲用，□ 市场销售，□ 药用，□ 其他；
   用途：＿＿＿＿＿＿＿＿＿＿＿＿
8. 品种特性：
   优质：＿＿＿＿＿＿＿＿＿＿＿＿＿＿＿＿
   抗病：＿＿＿＿＿＿＿＿＿＿＿＿＿＿＿＿
   抗虫：＿＿＿＿＿＿＿＿＿＿＿＿＿＿＿＿
   产量：＿＿＿＿＿＿＿＿＿＿＿＿＿＿＿＿
   其他：＿＿＿＿＿＿＿＿＿＿＿＿＿＿＿＿
9. 该品种的利用部位：□ 果实，□ 种子，□ 植株，□ 叶片，□ 根，□ 其他＿＿＿
10. 该品种具有的药用或其他用途：
    具体用途：＿＿＿＿＿＿＿＿＿＿＿＿＿＿＿
    利用方式与途径：＿＿＿＿＿＿＿＿＿＿＿＿
11. 该品种其他特殊用途和利用价值：□ 观赏，□ 砧木，□ 其他＿＿＿＿＿＿
12. 该品种的种植密度：＿＿＿＿＿＿＿＿＿＿，间种作物：＿＿＿＿＿＿
13. 该品种在当地的物候期：＿＿＿＿＿＿＿＿＿＿
14. 品种提供者种植该品种大约有＿＿＿年，现在种植的面积大约＿＿＿亩，当地大约有＿＿＿户农户种植该品种，种植面积大约有＿＿＿亩
15. 该品种大概的开花期：＿＿＿＿＿＿＿＿，成熟期：＿＿＿＿＿＿＿

16. 该品种栽种管理有什么特别的要求？

_____

17. 该品种株高：_____m，果实大小：_____mm，
果实品质：□ 优，□ 中，□ 差

18. 品种提供者一年种植哪几种作物：_____

19. 其他：_____

20. 样品提供者：姓名：_____，性别：_____，民族：_____，
年龄：_____，文化程度：_____，家庭人口：_____人，
联系方式：_____

附件5

第三次全国农作物种质资源普查与收集行动
2015年系统调查县清单（22个）

序号	普查县（市、区）	所在地区	省份
1	郧西县	十堰市	湖北省
2	秭归县	宜昌市	
3	南漳县	襄阳市	
4	通山县	咸宁市	
5	咸丰县	恩施土家族苗族自治州	
6	隆回县	邵阳市	湖南省
7	临湘市	岳阳市	
8	石门县	常德市	
9	桑植县	张家界市	
10	道县	永州市	
11	沅陵县	怀化市	
12	凤凰县	湘西土家族苗族自治州	
13	灵川县	桂林市	广西壮族自治区
14	博白县	玉林市	
15	灵山县	钦州市	
16	那坡县	百色市	
17	都安瑶族自治县	河池市	
18	上思县	防城港市	
19	凭祥市	崇左市	
20	开县		重庆市
21	潼南区		
22	酉阳土家族苗族自治县		